"创意与思维创新"

环境设计专业新形态精品系列

景观设计手绘表现技法

微课版

Landscape Design

代光钢◎著

人民邮电出版社

北京

图书在版编目（CIP）数据

景观设计手绘表现技法 : 微课版 / 代光钢著. --
北京 : 人民邮电出版社, 2024.7
"创意与思维创新"环境设计专业新形态精品系列
ISBN 978-7-115-64282-0

Ⅰ. ①景… Ⅱ. ①代… Ⅲ. ①景观设计－绘画技法
Ⅳ. ①TU986.2

中国国家版本馆CIP数据核字(2024)第080739号

内容提要

本书系统地介绍了景观设计手绘效果图的表现技法和绘制过程。全书共 7 章，包括景观设计手绘效果图概述、基础线条训练、构图与透视、色彩与表现、景观配景元素表达、景观设计效果图综合表现和景观设计方案快速表达。本书通过大量实战案例，结合理论与实践，详细地介绍了绘制景观设计手绘效果图的全过程，让读者快速掌握景观设计手绘效果图的绘制方法和技巧。

本书可作为普通高校环境设计、景观设计等相关专业的教材，也适合作为景观设计师、建筑设计师及任何对景观设计感兴趣的读者的参考书。

◆ 著　　　代光钢
责任编辑　许金霞
责任印制　陈　犇
◆ 人民邮电出版社出版发行　　北京市丰台区成寿寺路 11 号
邮编　100164　　电子邮件　315@ptpress.com.cn
网址　https://www.ptpress.com.cn
雅迪云印（天津）科技有限公司印刷
◆ 开本：787×1092　1/16
印张：13.5　　　　2024 年 7 月第 1 版
字数：380 千字　　2024 年 7 月天津第 1 次印刷

定价：79.80 元

读者服务热线：(010)81055256　印装质量热线：(010)81055316
反盗版热线：(010)81055315
广告经营许可证：京东市监广登字 20170147 号

前言

党的二十大报告指出：坚持以人民为中心的创作导向，推出更多增强人民精神力量的优秀的作品。景观与人民生活息息相关，而景观设计手绘表现是一种融合艺术与技术的综合性技能，它通过手绘的方式将设计师的创意构思转化为清晰明确的设计图样。本书在内容上，深入浅出地讲解思路，系统梳理理论知识的同时，结合大量案例进行详细的解析，希望通过这样的方式，帮助读者更好地理解和掌握景观设计手绘效果图的设计思路和绘制方法，培养创造性思维，让读者能够独立绘制出优秀的设计手绘作品。

首先，本书通过讲解线条、透视等基础绘画知识，为读者夯实理论基础；随后，结合丰富的案例进行技法详解，帮助读者在实际操作中掌握技巧。此外，本书还提供了相关教学案例表现技法的讲解视频等资料，以供读者参考和学习。

本书特色

本书精心设计了“知识讲解 + 绘画案例 + 本章小结 + 技巧提示 + 课后实战练习 + 综合案例 + 快速设计方案”的教学环节，这不仅契合读者吸收知识的过程，也能培养读者的实践操作意识和动手能力。

知识讲解：阐述每节核心概念，以及绘制的关键要点和相应的方法、技巧。

绘画案例：结合每节知识点，设计针对性的案例展示，以助读者理解和掌握绘制技巧，提升实践能力。

本章小结：对每章的知识点进行汇总，帮助读者回顾所学内容。

技巧提示：拓展重难点等知识讲解，延伸所学知识。

课后实战练习：除第 1 章外，结合本章内容设计难度适中的实战练习，以巩固提升读者的绘画能力。

综合案例：结合全书内容，设计综合案例展示，培养读者的综合绘画能力。

快速设计方案：整合全书的理论与技法，实现快速设计和方案表达。

本书内容

本书主要讲解景观设计手绘的理论知识和表现技法，全书共 7 章，各章的简介如下。

第 1 章　着重讲解了景观设计手绘效果图及其绘制基础。首先介绍了景观设计手绘效果图的类型、特点及其在设计过程中的重要意义，随后介绍了绘制过程中所需的各类笔、纸及其他辅助工具。

第 2 章　以基础线条训练为主，结合各类线条的绘制要点与实际训练方法，深入解析了线条风格并介绍了线条的综合运用。

第 3 章　重点阐述了构图与透视的基本原理、常见的构图方式及框景概念，同时针对一点透视、两点透视和三点透视进行了深入的案例解析。

第 4 章　简要介绍了色彩的基本知识，并结合案例讲解了马克笔、彩铅、色粉的笔触与上色技法。

第 5 章 ~ 第 7 章　分别以景观配景元素表达、景观设计效果图综合表现和景观设计方案快速表达为重点，全面介绍了景观设计表现技法的综合应用和实践技巧。

本书各章均结合大量的案例培养读者的实践表达能力与设计思维，力求循序渐进地帮助读者提高景观设计手绘效果图的绘制能力与创意能力。

配套资源

本书提供了丰富的配套资源，读者可登录人邮教育社区（www.ryjiaoyu.com），在本书页面中下载。

本书的配套资源包括教学资源与拓展资源。

- 教学资源：PPT 课件、素材、效果文件、教学大纲、教案、微课视频。
- 拓展资源：拓展案例及素材资源、素材模板等。

代光钢

2024 年 4 月

CONTENTS

目录

第1章 景观设计手绘效果图概述

第2章 基础线条训练

第3章 构图与透视

第4章 色彩与表现

第5章 景观配景元素表达

第6章 景观设计效果图综合表现

第7章 景观设计方案快速表达

第1章 景观设计手绘效果图概述

本章概述

绘制景观设计手绘效果图是景观设计师表达其设计理念、展示其设计成果的重要手段。本章主要介绍了景观设计手绘效果图的基本知识、绘制技巧及绘制工具，并提出了具体方案以供参考。具体而言，本章首先介绍了景观设计手绘效果图的类型，并分析了景观设计手绘效果图的特点；此外，还探讨了景观设计手绘效果图的意义，并介绍了绘制景观设计手绘效果图所需的工具；最后，为绘画者提供了有关绘画工具的具体方案。

1.1 景观设计手绘效果图初识

1.1.1 景观设计手绘效果图的类型

1. 设计类方案草图

设计类方案草图是设计师在构思过程中常用的一种快速记录灵感的草图。这种类型的草图通常较为简洁概括，不注重线条的优美和效果的逼真，而是强调通过简单的线条来快速表现场景元素，捕捉并记录设计师的灵感。

在设计方案时，设计师常常采用这种草图来快速表达其脑中的想法。

（1）以入口空间景观的方案草图为例，乔灌木和围墙可以形成障景，让观者视线集中于入口，如图1-1所示。

（2）以亲水平台的方案草图为例，其主要用于快速表现亲水平台和周边植物的搭配，将远景的乔灌木比例适当缩小，可以增强画面的空间感，如图1-2所示。

（3）以公园空间景观的方案草图为例，其主要用于快速表现建筑与硬质地面的透视关系，通过曲线形水池将观者视线引向建筑和远景，适当设计前景广场的草地和绿篱，对前景广场进行柔化处理，如图1-3所示。

（4）当乔灌木比较丰富时，景观小品和地面铺装可以作为补充元素，形成景观小节点，还可以合理地添加廊架和地面铺装，如图1-4所示。

（5）设计师采用流线型方式处理高差，结合曲线、椭圆形等现代景观造型的基本元素以及植物组合，创造出具有灵动感的景观空间，如图1-5所示。

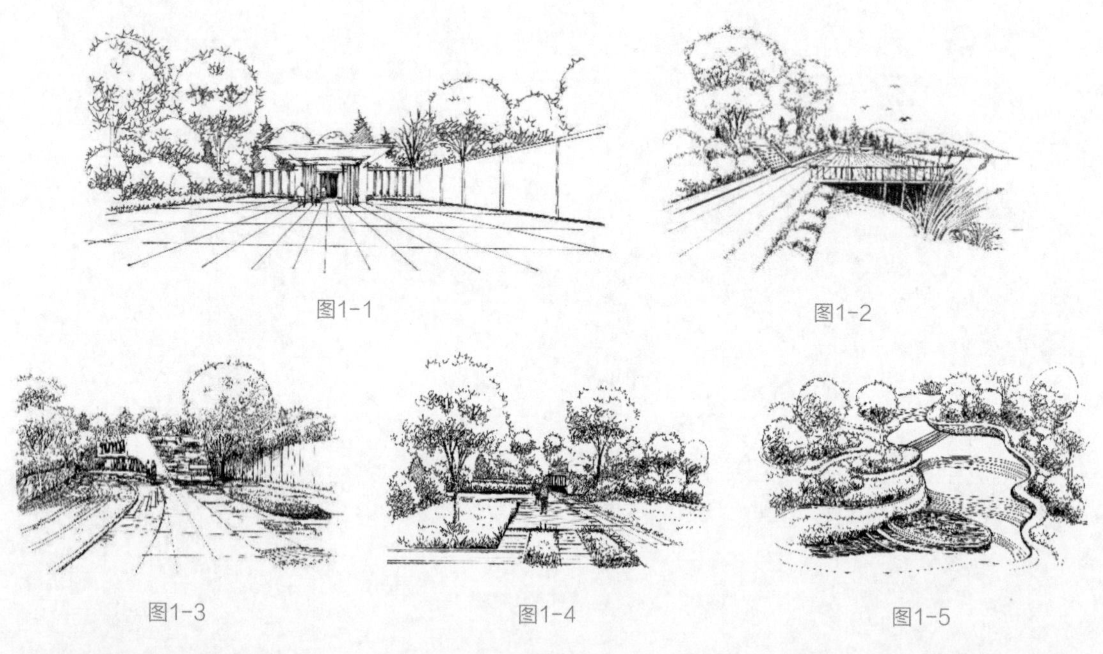

图1-1

图1-2

图1-3

图1-4

图1-5

2. 写生类草图

写生类草图是以快速描绘的具有特色设计的实景为表现对象的艺术形式。通过分析和借鉴他人设计的实景，我们可以为自己积累设计素材，激发创作灵感。开展这类练习时，我们需要勤于思考，努力理解他人的设计意图，从而更好地掌握写生类草图的相关知识，提升自身的设计能力。

下面通过两个具体实例来说明写生类草图的魅力。

①景观小品的设计

当景观小品作为主景（见图1-6）时，我们需要仔细研究景观小品的造型并揣摩其设计意图。当景观小品具备观赏性、实用性和美观性等时，我们应重点刻画景观小品，并柔化周边的物体（见图1-7）。

②水景的树池与驳岸处理

树池是景观设计常见的元素之一。树池的设计样式多种多样，其可以通过不同几何形状的石头拼凑、搭接、咬合而成（见图1-8），同时水面可拓宽画面的视觉空间。对于驳岸的处理，设计师使用台阶与石头的搭配（见图1-9），在过渡处使用石头作为遮挡与点缀，并通过草地与乔灌木柔化驳岸，让水景与驳岸的过渡更加自然。

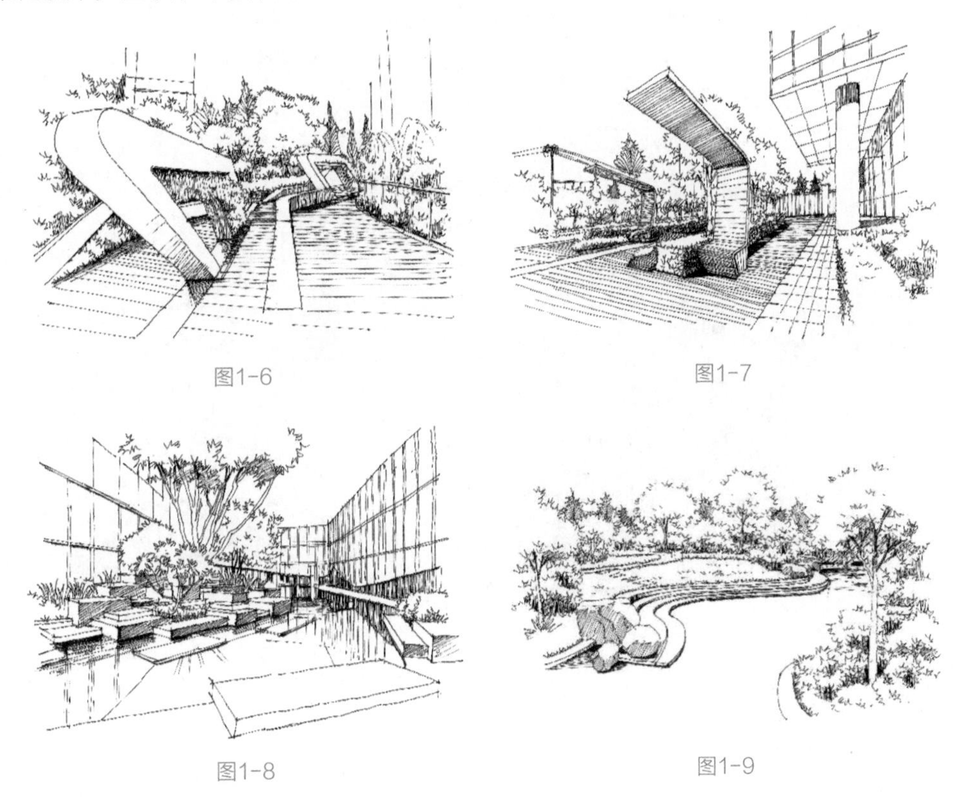

图1-6 图1-7

图1-8 图1-9

3. 写生速写

写生速写应用范围较广，是一种以实际建筑和景观为表现对象的艺术形式，与绘画艺术有关。写生速写的核心在于训练造型和透视能力，提高设计师对画面的掌控能力，同时积累设计素材。例如将传统建筑中的元素如回字纹等进行抽象提取并运用于景观小品的设计中。

写生的过程是对设计师观察能力、造型能力、景物取舍及主观处理能力的综合体现。以福建土楼为例，在写生时，设计师需要表现出阡陌交通、鸡犬相闻的景象（见图1-10），通过巧妙地组合建筑、植物和梯田等元素，大面积留白处理前景的稻田，强调中景的建筑，从而将视觉中心聚焦于中景。

同样，布达拉宫的写生（见图1-11）也遵循类似的原则，设计师应主要强调中景的建筑，通过白描的方式处理远山，从而拉开前景、中景和远景的空间层次。

图1-10

图1-11

4. 设计效果图

在景观手绘中，效果图通常比草图更加精细，对透视的要求也更高。效果图主要分为两大类；一类使用排线或排点的方法来表现景观场景的明暗关系，这类效果图被称为钢笔画；另一类用于为马克笔或水彩上色做准备，称为效果图正稿，这类效果图通常以线条勾勒轮廓和细节，没有过多的明暗调子，最终的明暗关系是通过马克笔或水彩等逐步完善的。

下面以一些明暗层次丰富的效果图为例进行说明，包括庭院水池景观（见图1-12）、居住区驳岸景观（见图1-13）、居住区入口景观（见图1-14）和旅游度假区泳池景观（见图1-15）。这些效果图都明显展示了黑白灰层次的丰富变化，画面的明暗对比关系也非常突出。

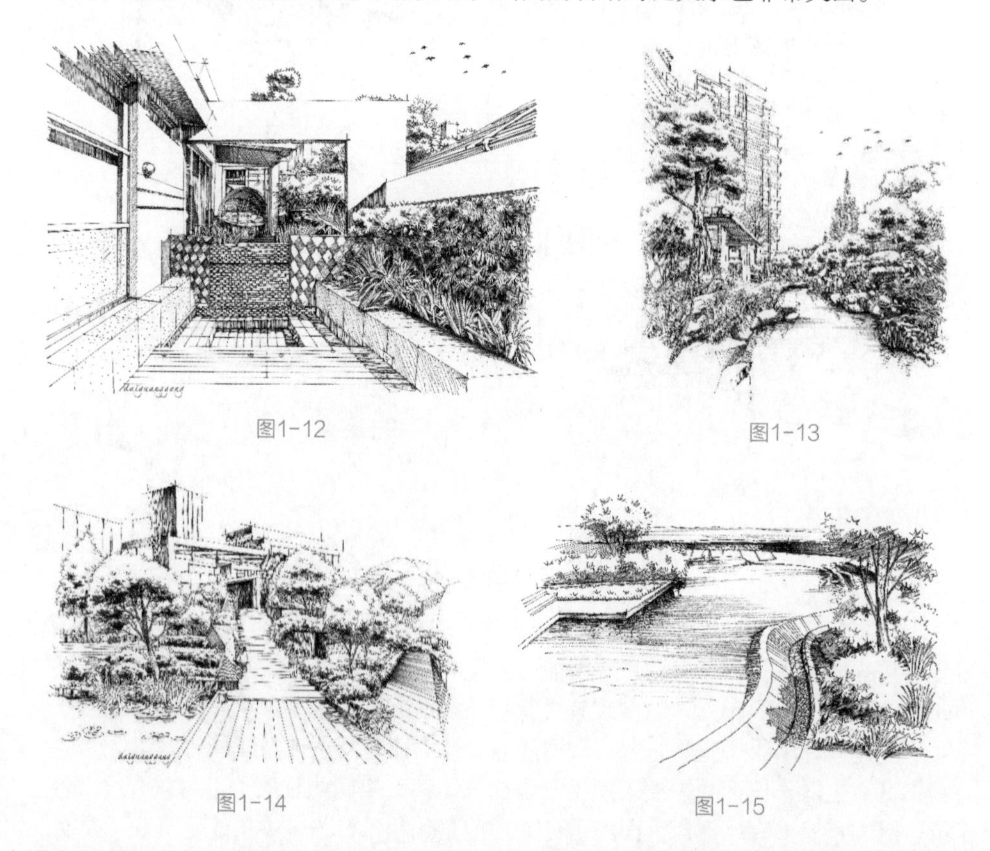

图1-12

图1-13

图1-14

图1-15

在进行设计工作时，效果图正稿往往更符合设计需求，因为它简洁且能快速呈现出设计效果。在线稿阶段，我们不过多进行黑白灰层次的处理，而是更加注重效果图的共性。例如，要使黑白对比明确，我们可以使用黑色马克笔和美工笔直接加深画面暗部（见图1-16）。线稿阶段强调的是对画面整体的观察和把握。

在此基础上，我们采用白描的手法，不对明暗关系做过多处理，只对转折处进行强化（见图1-17），稍微强调前景部分（见图1-18），这样可以更好地表现画面的明暗对比效果。这个阶段强调的是对画面整体和局部的平衡和控制，以及对细节的刻画和表现。

最后，我们选择性地表现树冠与画面的少量暗部，着重加深主体水景的投影，抽象强化远景局部的深色调乔木（见图1-19），这样可以更好地表现画面的明暗对比效果。这个阶段强调的是对画面情感和氛围的营造。

马克笔设计效果图比写生效果图更简洁，它需要表达清楚设计意图，在追求效果的同时也要讲究效率。

实践中当时间紧迫时，设计师需要快速出图。例如，图1-20表现的重点是水景和廊架，并适当添加配景——飞鸟和遮阳伞。这时的重点是快速准确地呈现设计的主要元素，具体来讲，可以概括性地绘制乔灌木，适当弱化背景建筑的色彩表现，甚至可以留白或使用彩铅快速上色。这样既可以节约时间，又可以保持设计的整体效果。

又如，要在拷贝纸上表现类似的廊架与水景（见图1-21），使用马克笔上色时，由于拷贝纸比普通打印纸光滑，呈现出来的效果比较淡，想要表现出理想的效果，将色差拉大即可。拷贝纸具有便于上色的特性，园林景观设计师常用这种纸绘制效果图。

图1-16

图1-17

图1-18

图1-19

图1-20

图1-21

1.1.2 景观设计手绘效果图的特点

1. 设计性

景观设计手绘效果图的主要特点是设计性。有些设计师仅关注提升手绘的艺术表现技巧，让画面看上去更加美观，但这其实偏离了景观设计手绘效果图的本质。仅仅片面追求表面修饰效果无异于舍本逐末，对景观设计手绘效果图设计水平的提高没有太大帮助。

景观设计手绘效果图是与设计紧密相连的，设计师通过手绘的方式将各种构思的造型绘制出来，并进行分解和重组，创造出新的造型。这种推敲过程才是设计的核心内容，也是景观设计手绘效果图应该表达的核心内容。

图1-22

以居住区廊架水景为例，在图1-22中，廊架的造型、树池与水池的空间安排与造型都应该与建筑风格相符合，且它们应具备一定美观性和创造性，人行道等路面铺装的设计也应该合理，植物组合及层次要丰富，等等。只有这样才能体现景观设计手绘效果图的设计性，才能达到好的设计效果，而不是随意安排景物。

2. 科学性

景观设计手绘效果图是工程图和艺术表现图的结合体，应同时具有工程图的严谨性和艺术表现图的美感。体现严谨性的工程是基础内容，彰显美感的绘图是形式手段，两者相辅相成、互为补充。

景观设计手绘效果图具有严谨的科学性和一定的图解功能。在绘制景观设计手绘效果图的过程中，设计师需要精确把握尺寸比例和透视关系等工程要素，并运用手绘技巧将其呈现出来。景观设计手绘效果图只有具备工程图的严谨性，才能为后续的深化设计和施工图绘制打下坚实的基础。

图1-23

以居住区入口景观为例，在图1-23中，建筑与乔灌木呈现出来的空间结构、整体透视关系、地面铺装的大小比例等，这些细节都需要设计师精确把握和调整，以体现景观设计手绘效果图的严谨性和美感。

3. 艺术性

景观设计手绘效果图是设计师艺术素养与表现能力的综合体现，它以自身的艺术魅力和强烈的感染力向人们传达设计师的创作思想、设计理念和审美情感。景观设计手绘效果图的艺术化处理，在客观上是对设计表达强有力的补充。设计是理性的，但设计表达往往带有感性色彩。

图1-24

以居住区景观廊架为例，在图1-24中，倒角廊架与树池进行组合搭接设计，二者融为一体，再搭配室外休闲桌椅和其他植物，共同打造出具有现代氛围的人居环境。景观设计手绘效果图的艺术性决定了设计师必须追求形式美感的表现，将自己的设计作品艺术地包装起来，更好地展现给公众。因此，“伟大的艺术从来就是最富于装饰价值的”。

1.1.3 景观设计手绘效果图的意义

景观设计手绘效果图是设计师表达设计理念和设计方案最直接的“视觉语言”。 在设计过程中，景观设计手绘效果图是发展设计思维的最好工具，它可以形象地将思想中的符号呈现在纸上（见图1-25），也方便设计师从概念上来完善自己的设计方案。其中平面布局的各个景观节点与不同材质的安排搭配等，均能体现设计师设计作品的好坏。

在平面布局合理的情况下，进一步对不同景观节点进行布局设计，如别墅景观节点设计（见图1-26），直接呈现视觉效果，可让设计方案更具说服力。

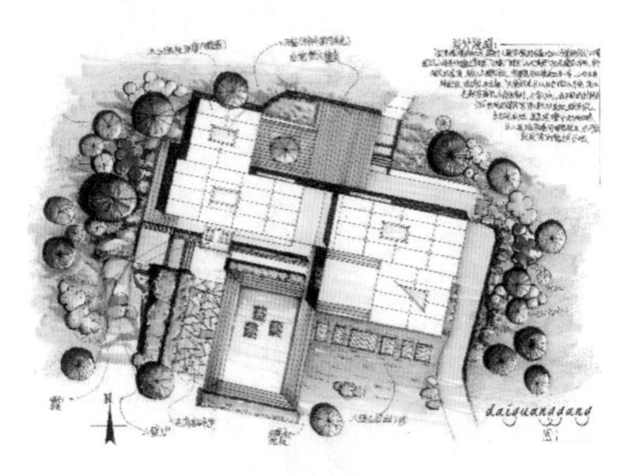

图1-25

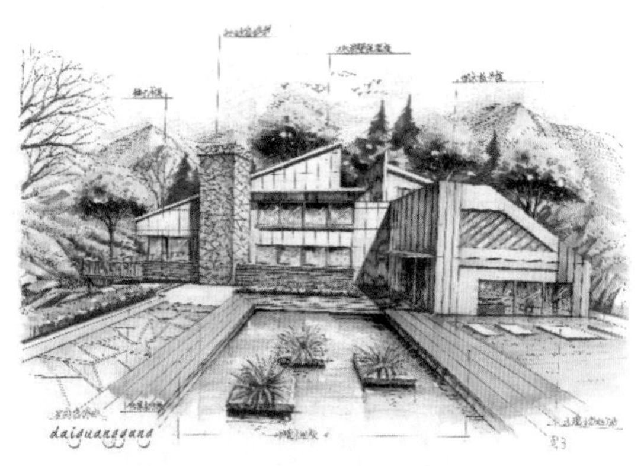

图1-26

手绘效果图与电脑效果图在本质上是相同的，都是为了实现某种视觉效果的传达，只是两者所采用的表现方式不同；从设计思维角度来分析，两者均能展示设计师的创造性思维，本质上没有高低优劣之分。电脑效果图的优点是精确、效率高、便于更改，可以大量复制，操作非常便捷，还可以通过SketchUp等软件导出（见图1-27）；缺点是在进行某些方面的设计时，显得比较呆板、生硬，缺乏活力（见图1-28）。而手绘效果图能让设计师的设计思想快速呈现，便于设计师及时捕捉瞬间的灵感，并且与设计师的创意实现同步。设计师在创作过程和与客户探讨过程中，使用手绘效果图可以随时生动、形象地记录自己的想法，并能及时地得到客户的反馈。

手绘效果图最大的意义，是较为直接地传达了设计师的设计理念和思想。手绘效果图有很多偶然性，这也体现了手绘的魅力所在。手绘在有些方面不能与电脑绘画相比。如手绘一幅作品的周期较长，手绘作品的真实性往往达不到使用Lumion和3ds Max渲染的水平（见图1-29），电脑效果图在后期还可通过Photoshop修饰；手绘与电脑绘画相比费时间、费力气，而且绘画时设计师需全神贯注，还需要具备一定的造型能力。但这些并不影响手绘效果图可帮助设计师进行创意的快速表达、抓住瞬间灵感，这恰恰也是设计的精髓与灵魂。

图1-27

图1-28

图1-29

1.2 景观设计手绘效果图的绘制基础

1.2.1 常见的绘图用笔

1. 不同类型的笔

不同类型的笔具有不同的笔触和使用方式，这为设计师提供了丰富的视觉表达手段。钢笔、美工笔、针管笔、草图勾线笔、彩铅及马克笔等都有其特色和魅力。根据个人的艺术偏好和创作需求，我们应选择适合自己的笔，以便在创作过程中更加得心应手，提升效率。

对于初学者而言，临摹是常见的学习方式，在选择笔时，应考虑成本效益与画面表现效果。推荐使用签字笔、钢笔等经济实惠的笔，这样既能节约学习成本，又能较好地展现画面效果。接下来将详细介绍绘图用笔。线稿与色稿用笔如图1-30所示，线稿用笔如图1-31所示。为了得到理想的绘图效果，我们可以灵活运用多种笔。

图1-30

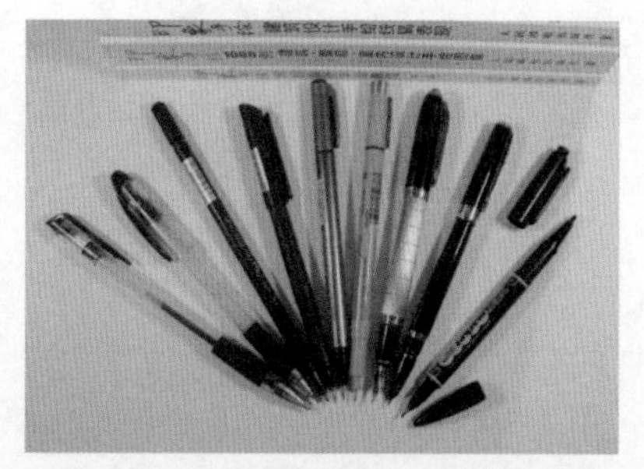

图1-31

绘制景观设计手绘效果图需要使用彩铅，比较基础的是红、黄、蓝、绿等颜色的彩铅（见图1-32）。如果需要更丰富的颜色，可以选择48色系或64色系的油性彩铅（见图1-33）。在光滑的纸面上绘图时，油性彩铅的效果较好。水溶性彩铅遇水会溶解，能够产生水彩般的效果，如图1-34所示。

图1-32

图1-33

图1-34

马克笔是当前景观手绘中的首选工具，因为它具有快速表达设计内容，无须调色，具有明确的线条感及十足的设计感等特点。由于马克笔无法调色，为了获得更丰富的颜色效果，我们通常会选择168色系的马克笔（见图1-35）。

马克笔有宽、细两种笔头，宽头较扁并带有斜面（见图1-36），细头则为圆形，专门用于刻画细节。马克笔可能会出现没墨的情况，此时可以选择对应品牌的马克笔补充液，如图1-37所示。

图1-35

图1-36

图1-37

初学者在刚开始接触马克笔时，可能会对马克笔的颜色不太熟悉。为了加深对马克笔颜色的认识，提高绘图过程中选色、配色的准确性，建议制作马克笔色卡（见图1-38）。通过这种方式，初学者可以更好地了解不同颜色马克笔的特性和使用方法，提高绘图效率和准确性。

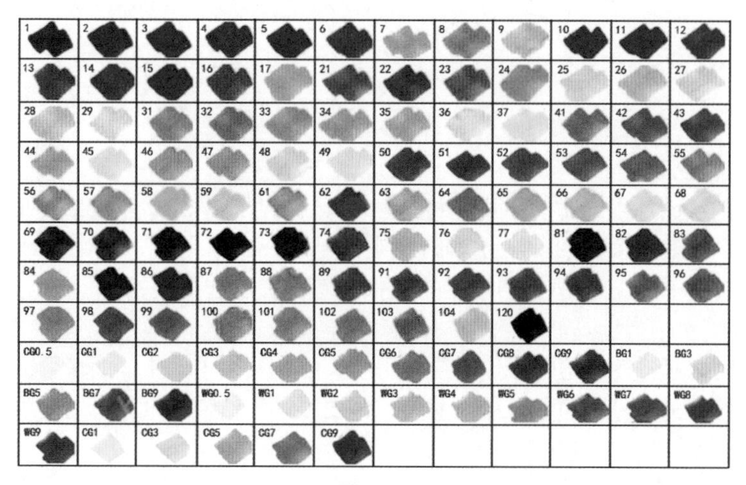

图1-38

除了采用马克笔外，为了达到更好的视觉效果，使用色粉（见图1-39）进行渐变过渡是一种明智的选择。另外，使用高光笔（见图1-40）或涂改液能够有效地提高细节的明亮度。还可以巧妙地运用丙烯马克笔来调整画面的细节（见图1-41），良好的覆盖性使其对于夜景灯光的描绘以及高光的强调具有出乎意料的绝佳效果。

图1-39

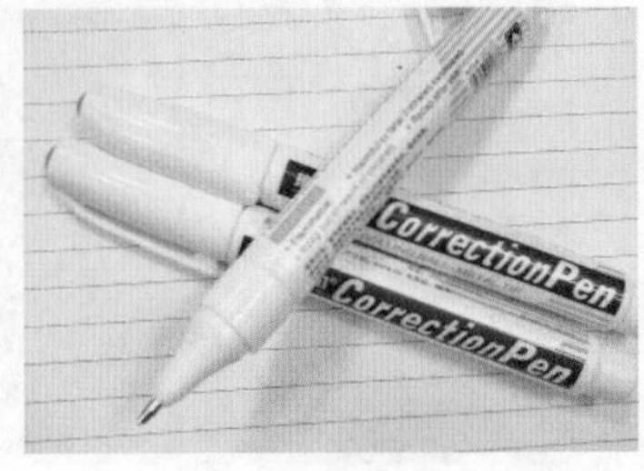

图1-40

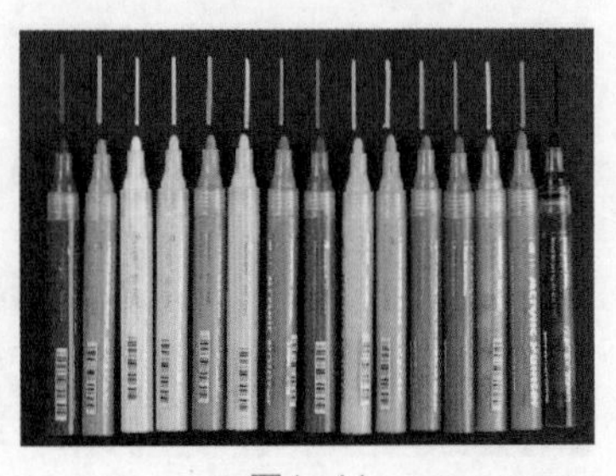

图1-41

2. 握笔

景观设计手绘效果图绘制过程中，握笔姿势也尤为重要。以常用的签字笔为例，握笔时应注意以下5点。

第1点：握笔时不能握得过紧，要适度放松，保持运笔自然流畅，如图1-42所示。

第2点：笔杆应放在拇指、食指和中指之间，拇指、食指指尖距离笔尖大约3cm，也可用小指轻触纸面，如图1-43所示。

第3点：笔杆与纸面保持约60°的夹角，指关节略弯曲即可，夹角具体大小需根据绘图者的习惯而定，如图1-44所示。

第4点：运笔时，视线应随线条的绘制移动，以便掌控线条的走势。

第5点：注意在起笔时停顿，落笔时回收，如图1-45所示。

如果握笔姿势不正确，会导致线条不流畅，直接影响画面的最终效果。所以初学者一定要保持良好的握笔姿势，为将来手绘打下扎实的基础。

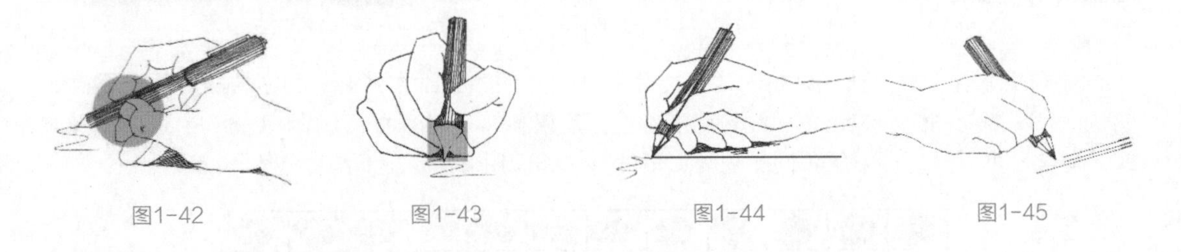

图1-42　图1-43　图1-44　图1-45

1.2.2 常见的绘图用纸

适合初学者的绘图用纸通常有以下几种：速写纸（见图1-46）、牛皮纸（见图1-47）、拷贝纸（见图1-48）、硫酸纸（见图1-49）和打印纸（见图1-50）等。这些纸张都可以作为绘图用纸。其中，打印纸是最常用且适合初学者的纸张。初学者在选择纸张时，尺寸不宜过大，以A3或A4为宜。

在户外写生时，通常使用速写纸作为绘图用纸，因为其便于携带。而拷贝纸和硫酸纸具有通透性，常用于方案设计前期的草图推敲。此外，牛皮纸等其他特殊纸张可用于表现特殊的场景或渲染特殊的效果。

图1-46

图1-47

图1-48

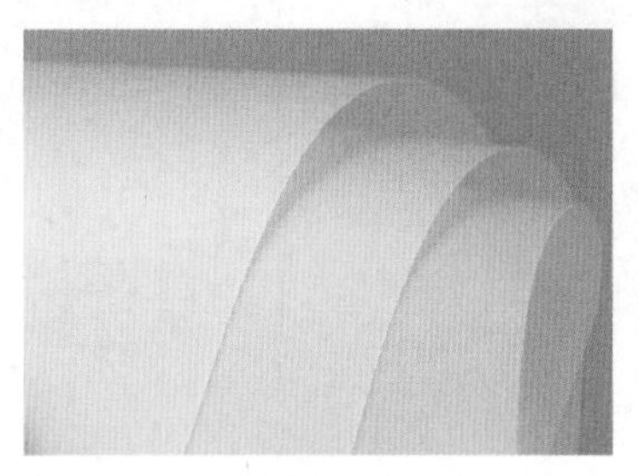

图1-49

图1-50

1.2.3 辅助绘图工具

辅助绘图工具主要辅助我们在绘图时更好地制作想要的画面效果。如我们一般很难徒手画一条较长的直线，常常会采用不同的尺规辅助绘制，常用的有三角板（见图1-51）、直尺（见图1-52）、平移滚动尺（见图1-53）等。

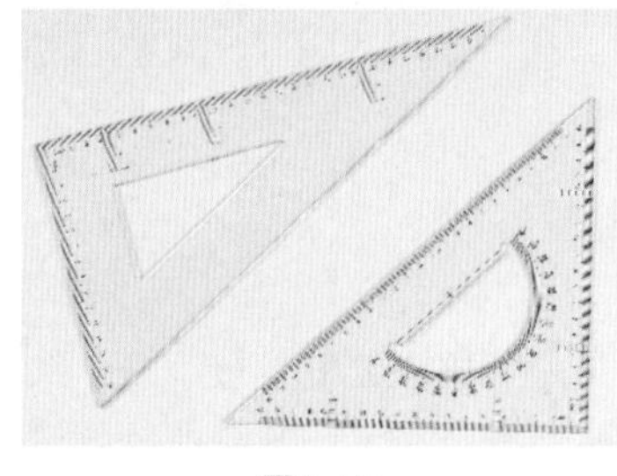

图1-51

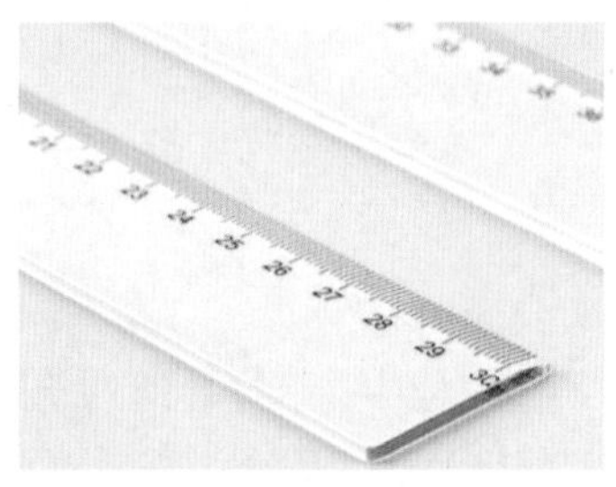

图1-52

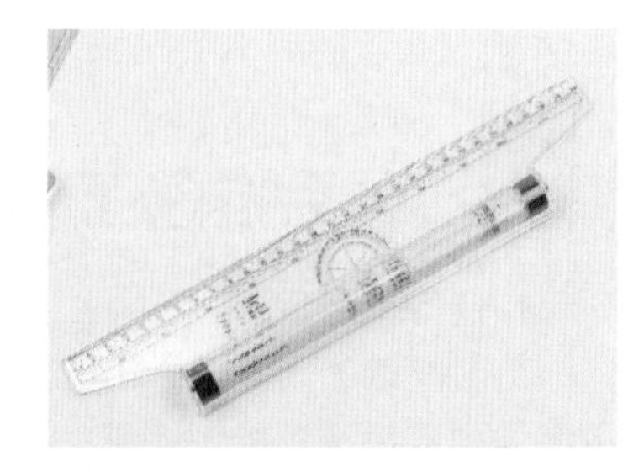

图1-53

柔化工具主要用于铅笔、彩铅绘画，能够使画面中的黑白灰层次过渡得更加自然。常用的柔化工具有纸笔（又称擦笔）、卫生纸、棉签等。纸笔（见图1-54）一般是用宣纸卷的笔，较为柔软，外形与铅笔差不多，有不同的粗细，主要用来处理调子和做一些特殊效果，也可以像用铅笔那样，用笔尖去擦画面中的一些细小的部位，以制作过渡效果。其中，白色的纸笔（见图1-55）较硬，制作时卷得严实一些，适合擦拭重色调。卫生纸和棉签的使用方法与纸笔一样，都用于擦拭、柔化画面。

图1-54

图1-55

橡皮是一种用橡胶制成的文具，能擦掉铅笔或钢笔的痕迹。橡皮的种类繁多，形状和色彩各异，有普通的橡皮，也有绘画用的2B、4B（见图1-56）、6B等型号的美术专用橡皮，以及可塑橡皮（见图1-57），等等。

我们在景观手绘中常用到的是美术专用橡皮及可塑橡皮。可塑橡皮与其他普通橡皮相比，具有以下特点：具有可塑性，十分柔软；具有良好的附着力，可使修改部分过渡均匀，不会使画面变脏；不掉色，不粘手；无毒、环保。

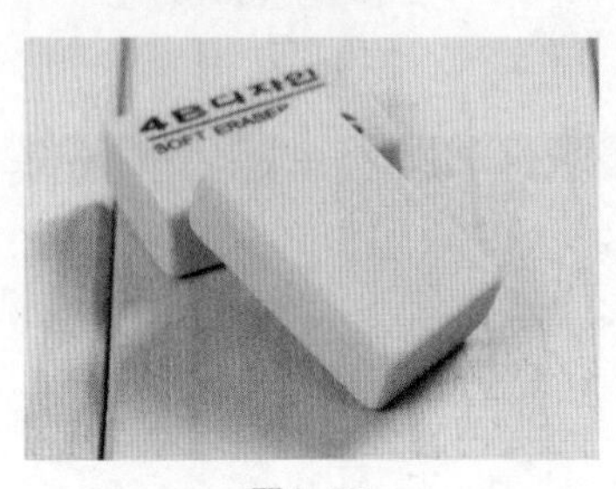

图1-56

图1-57

1.3 本章小结

本章主要介绍了景观设计手绘效果图的基本概念，并详细阐述了景观设计手绘效果图的三大特点：设计性、科学性和艺术性。本章还介绍了绘制过程中常用的笔类、纸类工具和各类辅助绘图工具。这些内容将帮助读者为后续绘制高质量的景观设计手绘效果图打好基础。

1.4 课后准备工作

1. 备齐基础工具

工欲善其事，必先利其器。在绘图过程中，选择合适的绘图工具是至关重要的。接下来，绘图者需要着手准备绘图工具。下面有3种方案供绘图者参考，以便绘图者根据自己的绘图偏好进行合理选择。

第1种方案：一套常用的马克笔，颜色数为60色，并配备马克笔补充液；一套常用的油性彩铅，颜色数为12色；签字笔和涂改液。这种方案适合初学者，既经济实惠又能满足基本的绘图需求。

第2种方案：一套常用的马克笔，颜色数为168色，同样配备马克笔补充液；钢笔、签字笔、针管笔各一支；油性彩铅一套，48色；涂改液。这种方案适合有一定基础的绘图者。

第3种方案：一套常用的马克笔，颜色数为168色或360色，配备马克笔补充液；防水墨水；丙烯马克笔；钢笔、签字笔、针管笔、草图勾线笔各一支；油性彩铅一套，72色；色粉及水彩颜料；等等。这种方案适合对画面效果要求高的人，但相对而言成本较高。

2. 认识工具属性

线稿阶段主要涉及绘图用笔，如钢笔、美工笔、签字笔、针管笔及草图勾线笔等。马克笔和彩铅是色稿阶段的主要用具，同时也要注意不同纸张的选择。马克笔的覆盖性较差，因此需要按照从浅到深的顺序进行绘图，而彩铅的叠加次数过多容易导致画面脏腻。在选择纸张时，常用的有打印纸、硫酸纸和拷贝纸等，纸面要尽量光滑一些，不宜使用速写纸等具有凹凸感和颗粒感的纸张。总之，要想获得更好的手绘效果，就需要在实践中不断尝试和感受不同工具的属性和特点。

第2章 基础线条训练

本章概述

线条是构成画面的基本元素，本章将详细介绍硬直线、软直线、抖线、弧线、曲线及自由线等各类线条的概念、绘制要领，以及练习绘制这些线条的方法。此外，本章还将介绍如何表现线条的退晕与渐变，以达到熟练绘制这些线条的目的。最后，本章结合实际案例，具体展示如何在场景中综合运用这些线条。

2.1 线条的风格

2.1.1 刚硬挺拔的硬直线

1. 直线的概念

直线是一个点在平面或空间内沿着一定方向运动的轨迹。它两端都没有端点，可以向两端无限延伸，并且不可测量长度。而在手绘中，我们画的直线往往有端点，类似于线段，这样画是为了使线条更加美观，并体现虚实变化，如图2-1所示。

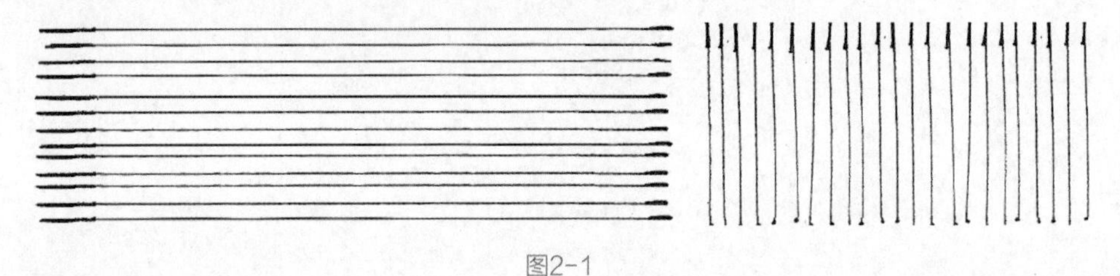

图2-1

2. 硬直线的绘制要领

硬直线讲究起笔、回笔、运笔、收笔。起笔与回笔要快，收笔要稳，保证起笔、回笔、收笔在一条直线上，如图2-2所示。

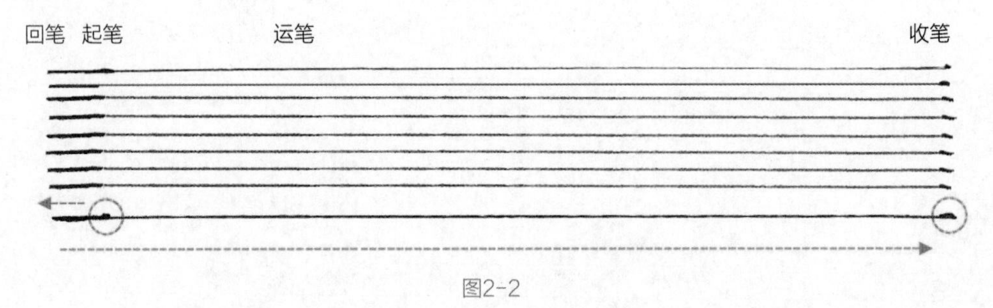

图2-2

两头重、中间轻的硬直线（见图2-3）常作为设计类绘画用线，而两头轻、中间重的硬直线（见图2-4）常作为素描用线。

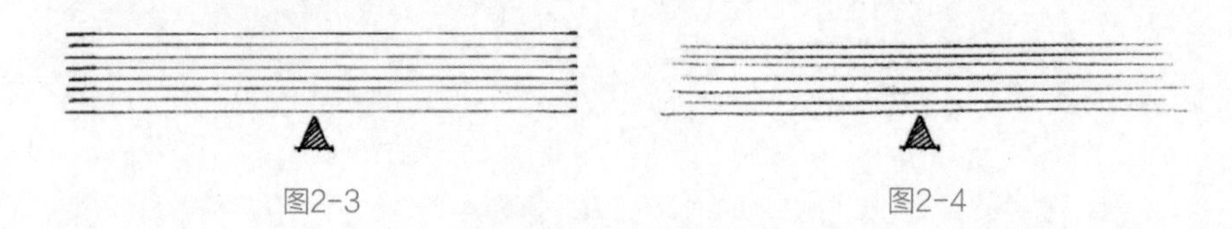

图2-3　图2-4

硬直线的特点是笔直、刚硬，不容易打破。画硬直线时应做到流畅、快速、下笔稳定。此外，我们不仅要练习画横竖向的硬直线，还要练习画各个角度的斜直线，如图2-5所示。

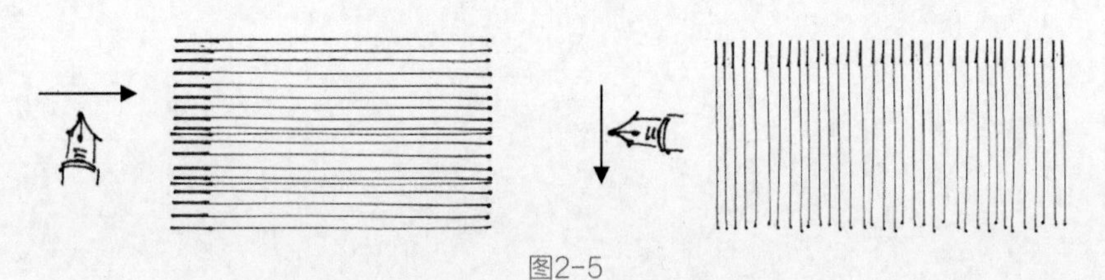

图2-5

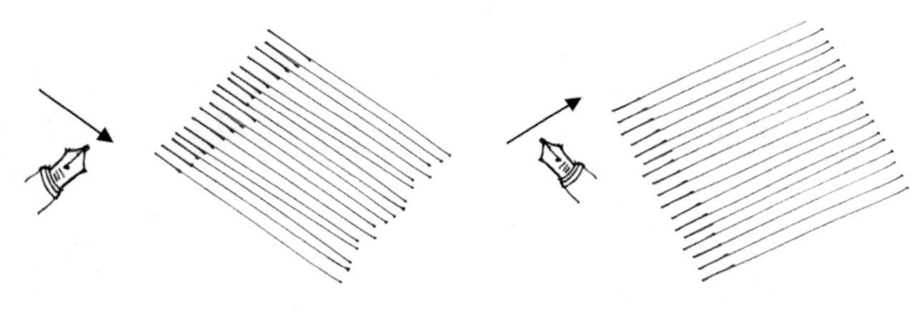

图2-5（续）

3. 练习绘制硬直线的方法

要做到徒手画出来的硬直线可以和用尺子辅助画出来的相媲美（见图2-6），在徒手画硬直线时需要注意以下问题：手腕应紧绷，笔尖和纸面应该成90° 角，以小指为支撑点、以肩为轴心平移手臂；尽量保持坐姿端正，把纸放正（见图2-7）。初学者常常会出现所画线条不流畅、断点较多，下笔过轻或过重，以及下笔时犹豫不决等情况。

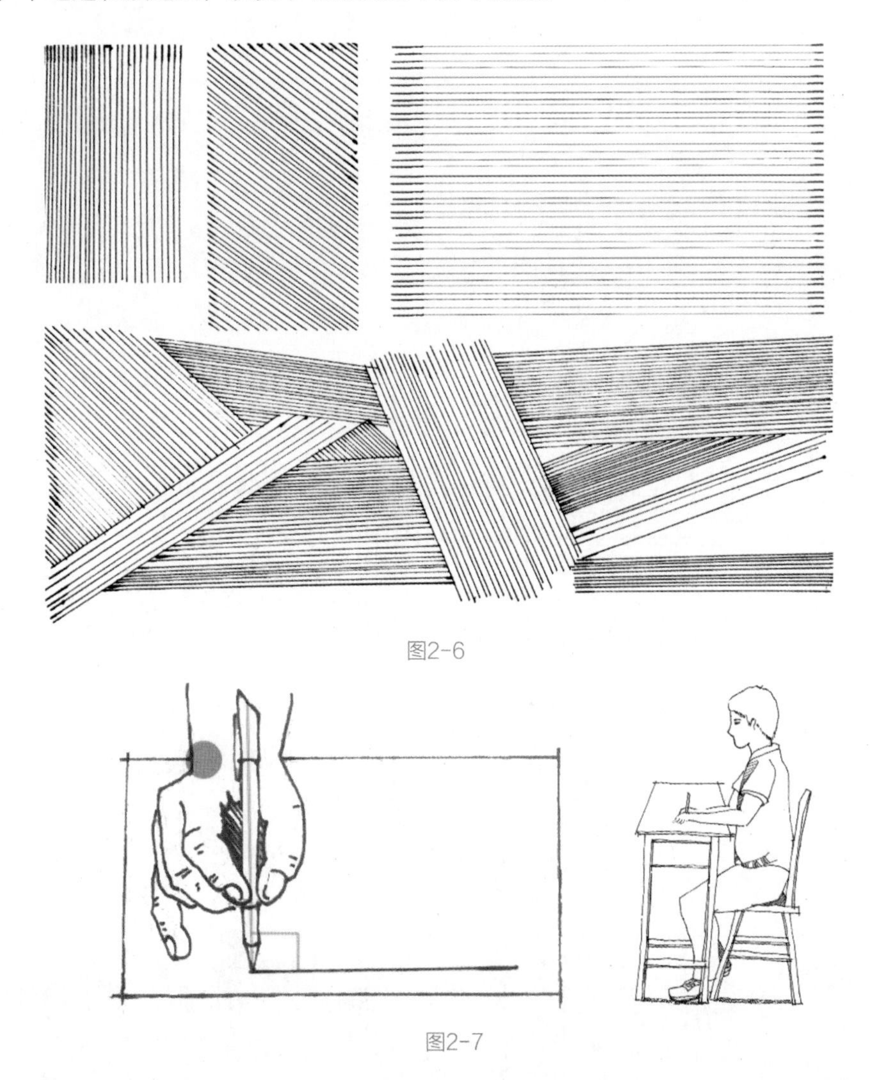

图2-6

图2-7

我们通过控制点的练习能在具体创作中很好地控制画面的透视关系，这也是一种控笔能力练习。连接2点可以得到一条直线，连接不在同一条直线上的3点可以得到一个面，如图2-8所示。

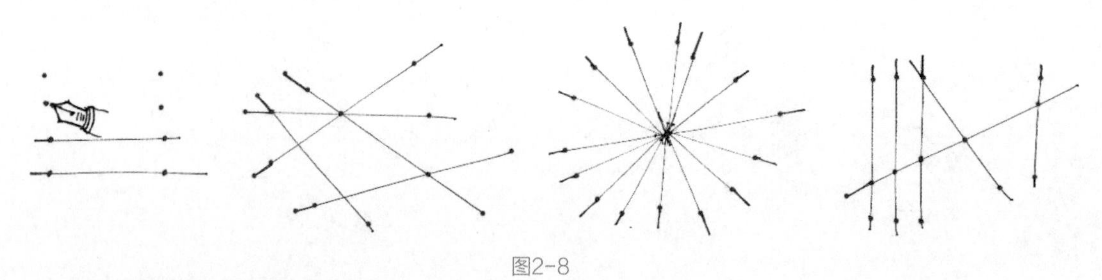

图2-8

硬直线有4种常见的错误画法。

错误1：起笔、回笔、收笔不在同一条直线上，如图2-9所示。

错误2：收笔起勾，如图2-10所示。

错误3：手腕活动导致线条弯曲，如图2-11所示。

错误4：刻意强调起笔和回笔，导致反复读线，如图2-12所示。

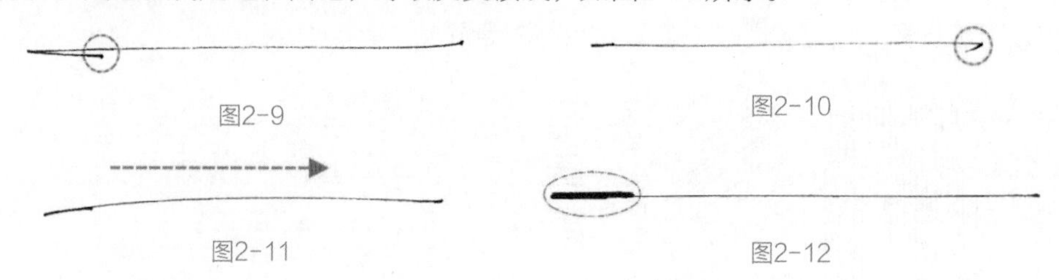

图2-9　　图2-10

图2-11　　图2-12

采用正确画法绘制的硬直线如图2-13所示。基础薄弱的绘画者要多练习绘制硬直线，能绘制好不同方向的硬直线。练习时线条的间距不要太大，在具体绘画中，往往最考验绘画者基本功的就是窄间距的线条表现，如图2-14所示。

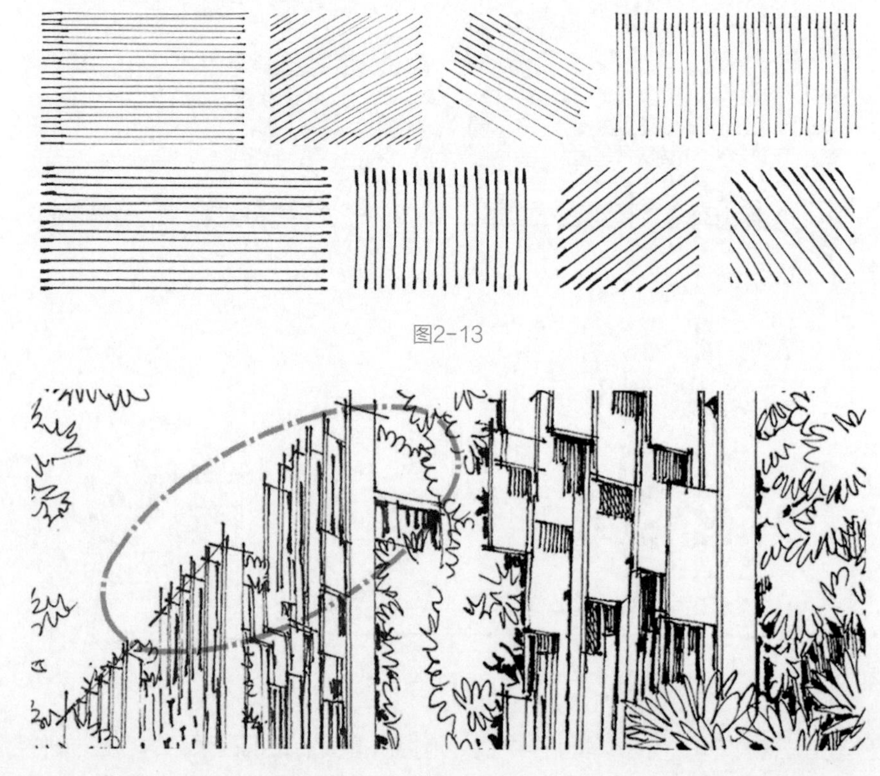

图2-13

图2-14

2.1.2 柔中带刚的软直线

1. 软直线的绘制要领

软直线讲究小曲而大直、流畅、生动、美观，如图2-15所示。

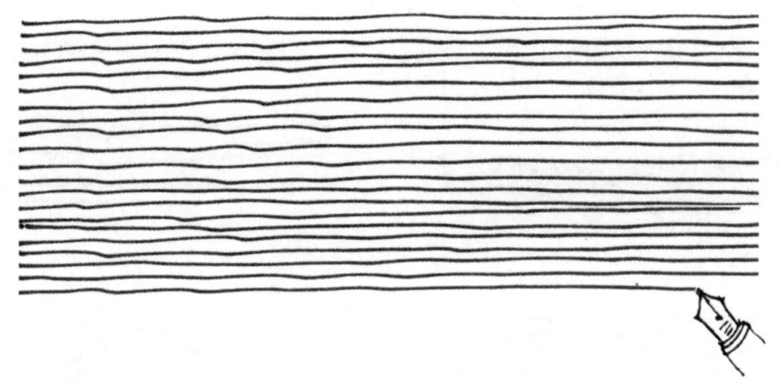

图2-15

2. 练习绘制软直线的方法

软直线相对硬直线要灵活很多。初学者可以通过绘制不同方向的软直线（见图2-16），借助几何形状来做练习，以及通过练习绘制软直线来绘制一些特殊的造型，如图2-17所示。

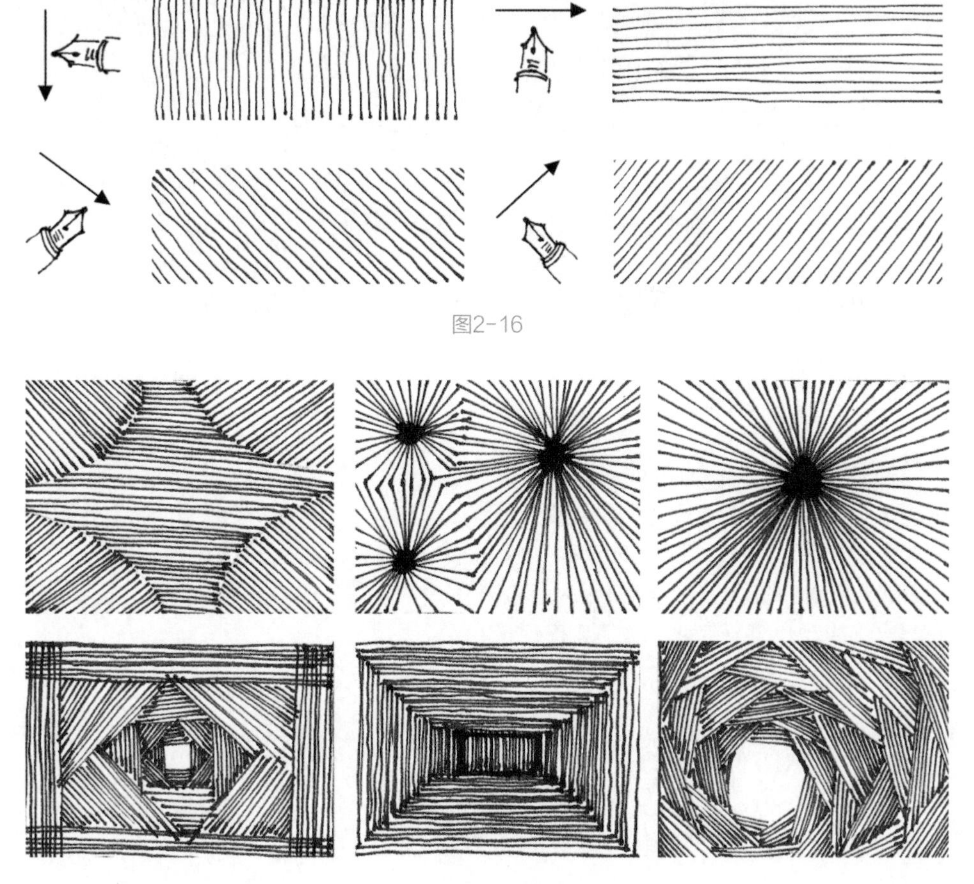

图2-16

图2-17

软直线有4种错误画法。

错误1：反复读线，如图2-18所示。

错误2：停顿过久，出现黑点，如图2-19所示。

错误3：用力平均且运笔缓慢，导致线条生硬死板，如图2-20所示。

错误4：控笔能力弱，导致多根线条相交，如图2-21所示。

在不规则的几何形状内练习绘制软直线非常有效，这类练习更接近现代设计的场景，能让绘画者更好地锻炼控笔能力，如图2-22所示。

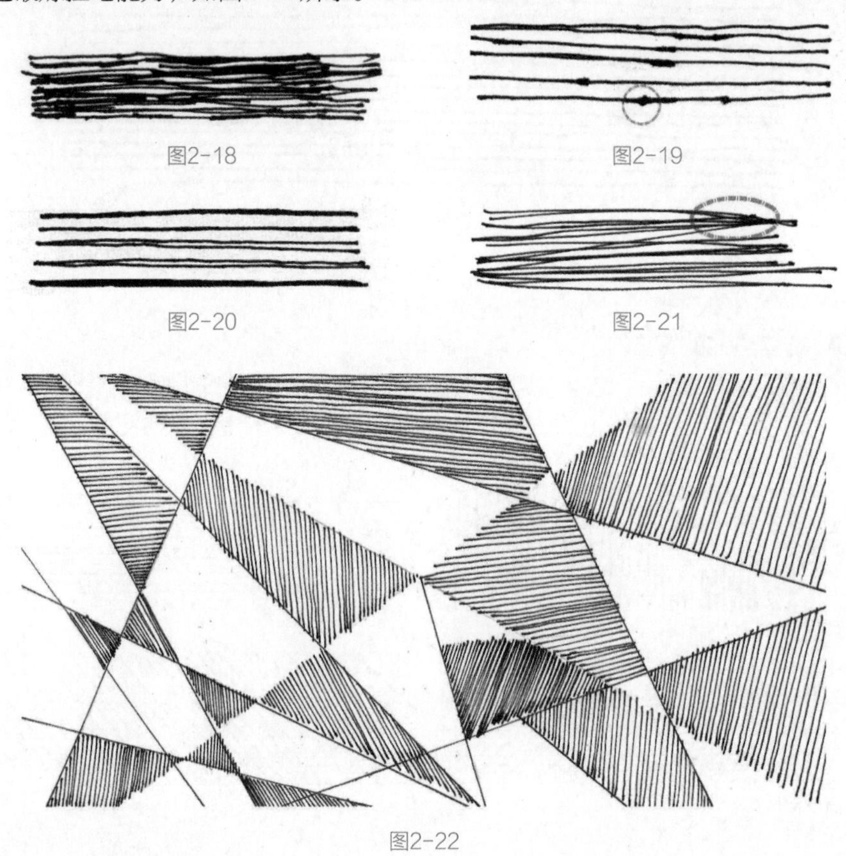

图2-18

图2-19

图2-20

图2-21

图2-22

2.1.3 曲折有序的抖线

1. 抖线的概念

抖线是园林景观设计手绘过程中最常用的线条之一，它是通过运笔时手的抖动形成的。抖线通常用于表现乔灌木、草地、绿篱等元素。在绘制抖线时，可以采用几字形、3字形、W形和M形等不同形式（见图2-23）。在绘制抖线时，应避免其“出头”的方向过于一致，要增加差异性，从而使画面更加生动和富于变化，如图2-24所示。

图2-23

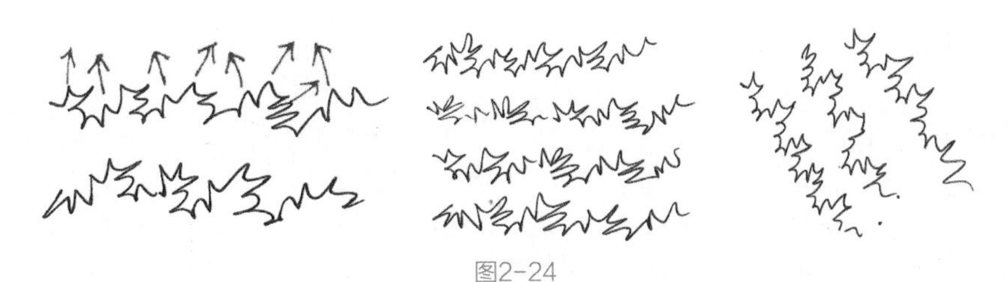

图2-24

2. 抖线的绘制要领

在用抖线绘制树冠时，要注意树冠轮廓的伸缩变化，以体现其不规则的美感；同时，也要灵活排布线条，避免将整个轮廓画得太直，高低起伏的线条才更加自然、生动，如图2-25所示。

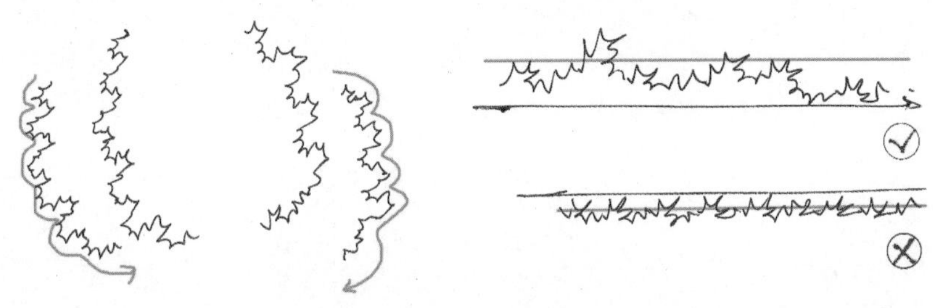

图2-25

3. 练习绘制抖线的方法

将树冠抽象和概括成不同的几何形状，然后运用抖线进行造型练习，这是练习绘制抖线的最佳方法之一（见图2-26）。一旦掌握了用抖线造型的技巧，可以适当地添加明暗关系，为后续配景的塑造打下基础，如图2-27所示。

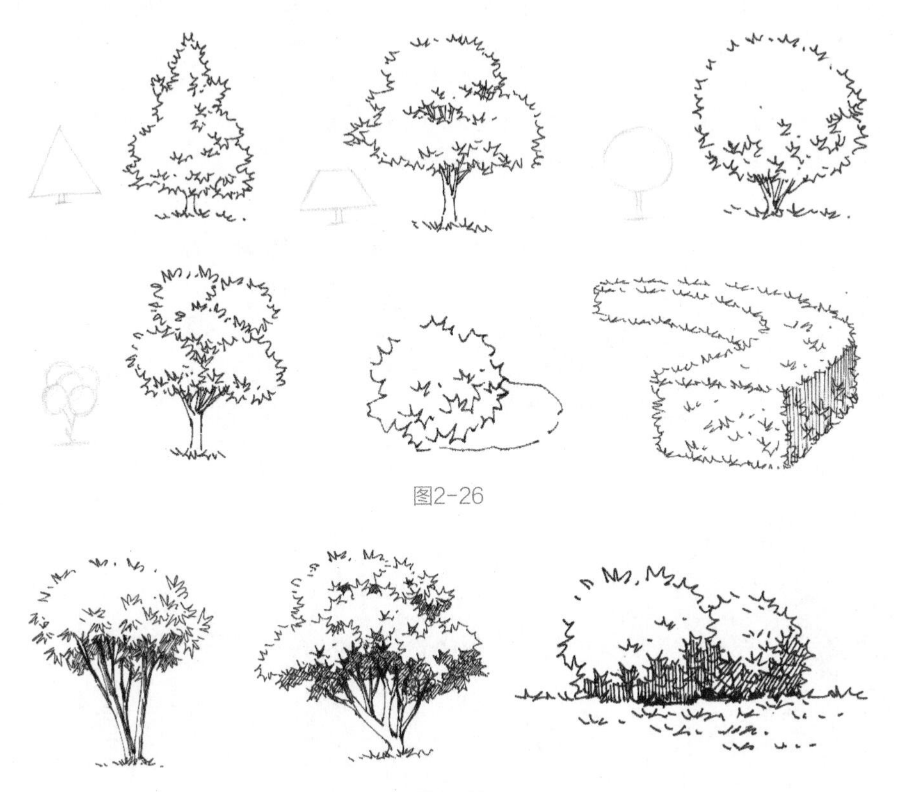

图2-26

图2-27

2.1.4 富有动感的弧线

1. 弧线的概念

圆周上任意两点间的部分就叫作弧，通过线表示出来就是弧线。一个物体要想在三维空间内显得生动和美观，是离不开优美的弧线的，所以掌握弧线的绘制尤其重要，绘画者要多花时间和精力去练习。

弧线可以用来刻画一些有弧度的、圆形的、有纹理的物体（见图2-28），比起直线显得更随意。

图2-28

2. 弧线的绘制要领

弧线的绘制相对于其他线条要稍显复杂，需要掌握以下3个关键点。

心中有数：绘制前应明确线条的方向和弧度，保持稳定运笔，以确保绘制的准确性（见图2-29）。

专注度高：在绘制弧线时，需要将注意力集中在笔尖上，做到笔随心转（见图2-30）。

速度适中：运笔速度不宜过慢，要保持线条的流畅；如果无法一次绘制整条弧线，可以在线条衔接处适当停顿，断开后再继续绘制，如图2-31所示。

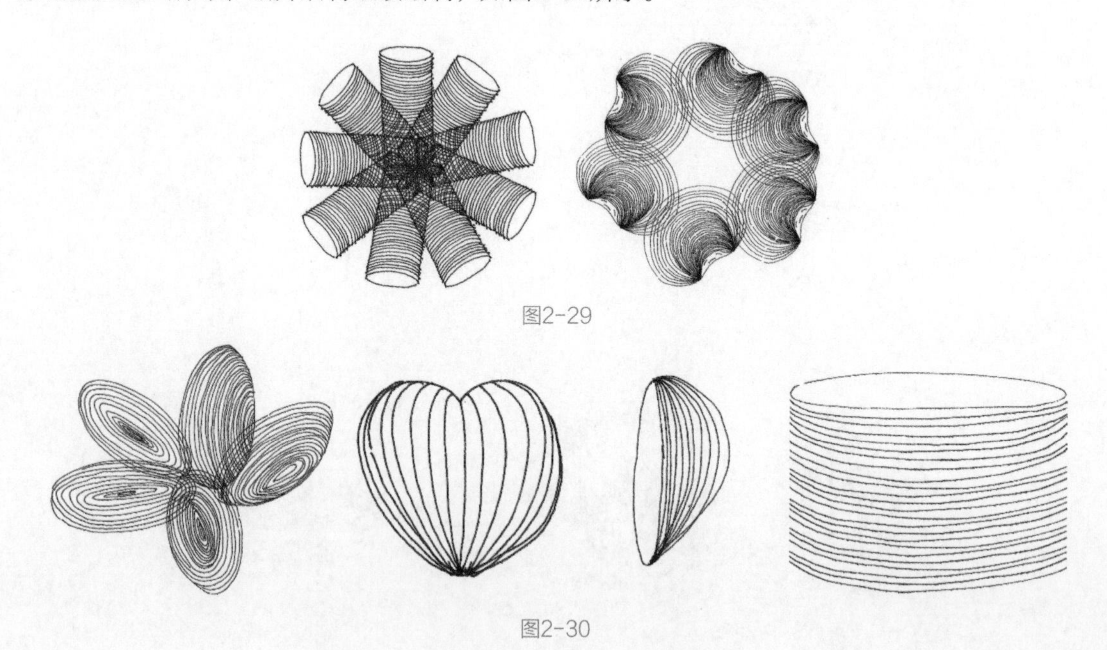

图2-29

图2-30

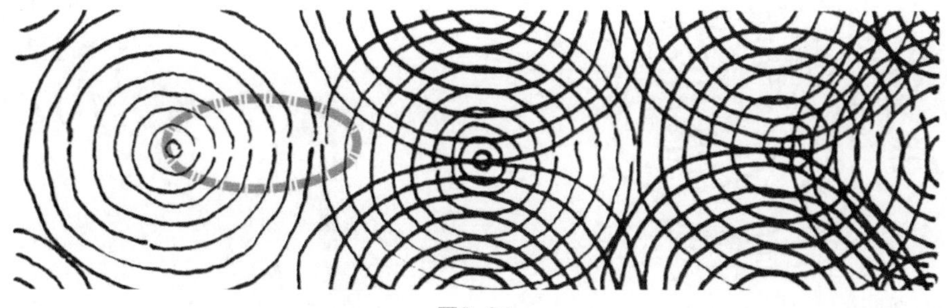

图2-31

3. 练习绘制弧线的方法

练习绘制弧线的一种方法是人为地规定绘制方向，从圆形开始绘制，然后划分几个弧度，根据不同方向、不同弧度进行绘制（见图2-32），比如划分出小、中、大3个弧度，根据这3个弧度绘制弧线（见图2-33）。

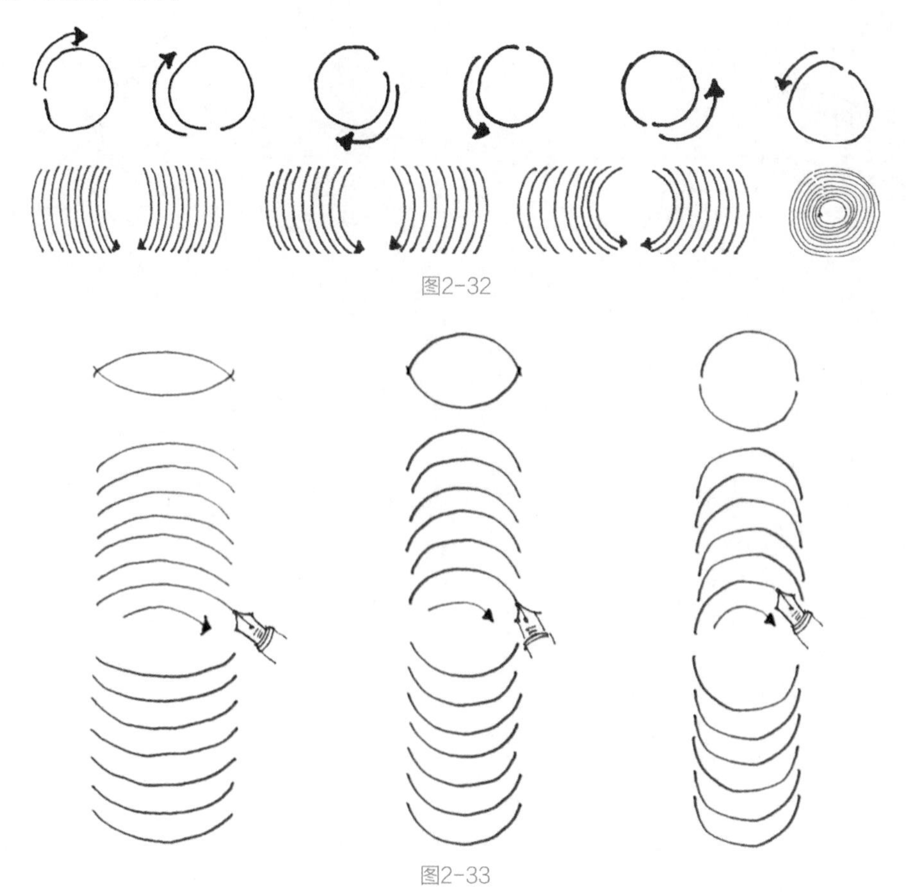

图2-32

图2-33

2.1.5 弯弯曲曲的曲线

1. 曲线的概念

曲线是一种由折线、线段和弧线等组合而成的综合类线条（见图2-34）。在生活中，曲线很常见，例如蜿蜒的河流和梯田等。在景观设计中，曲线常被用来表现异形景观小品、景观座椅（见图2-35）、步移景异的园路（见图2-36）、水景及异形建筑造型等。可见，曲线在景观设计中非常常见。

图2-34

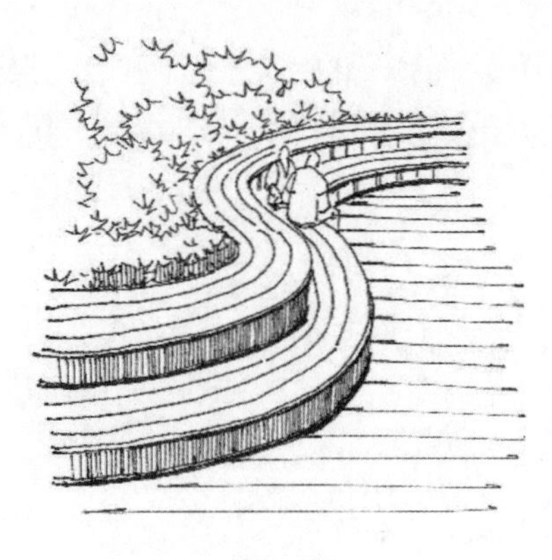

图2-35

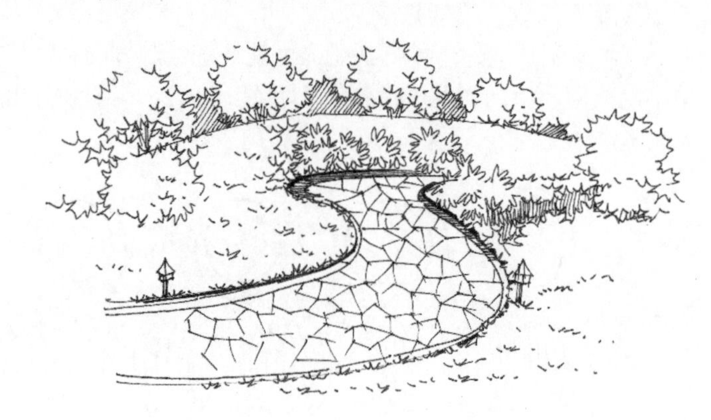

图2-36

2. 曲线的绘制要领

曲线的绘制要领跟弧线相似，但也有不同点。从整体上来说，曲线的绘制难度相对较大。绘制曲线时也需要注意3点。

第1点：保证线条流畅，这需要保持一定的运笔速度，如图2-37所示。

第2点：曲线具有灵动感，在绘制曲线场景时，可以运用多点绘制的方式控制线条的走势，如图2-38所示。

第3点：较长的曲线若一笔画不到位，可将其断开，但要注意避免衔接处重叠，如图2-39所示。

图2-37

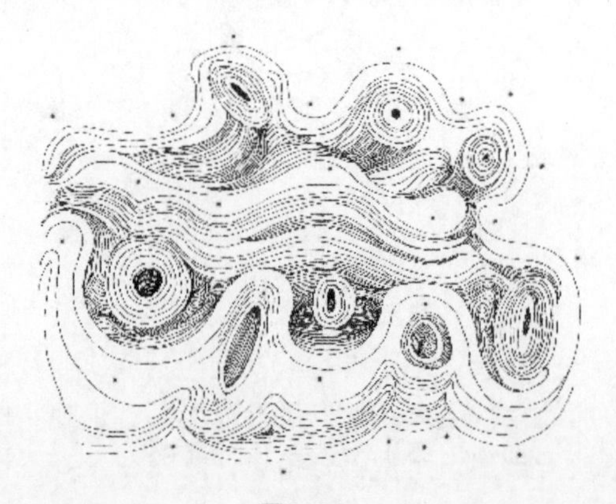

图2-38

图2-39

3. 练习绘制曲线的方法

曲线的绘制练习也涉及对点的精妙控制，开展这种练习有利于绘画者在具体画面中精准地表现透视效果。点的控制至关重要，例如在绘制曲线形式的地面铺装时，我们可以通过确定地面铺装的几个关键点，一笔勾勒出透视关系。以4~8个关键点为依据，我们能够迅速将这几个点连成一条曲线（见图2-40），一旦熟练掌握这种方法，我们可以进一步利用多点来训练控笔能力。此外，练习绘制不同方向的曲线也能提升控笔能力，如图2-41所示。

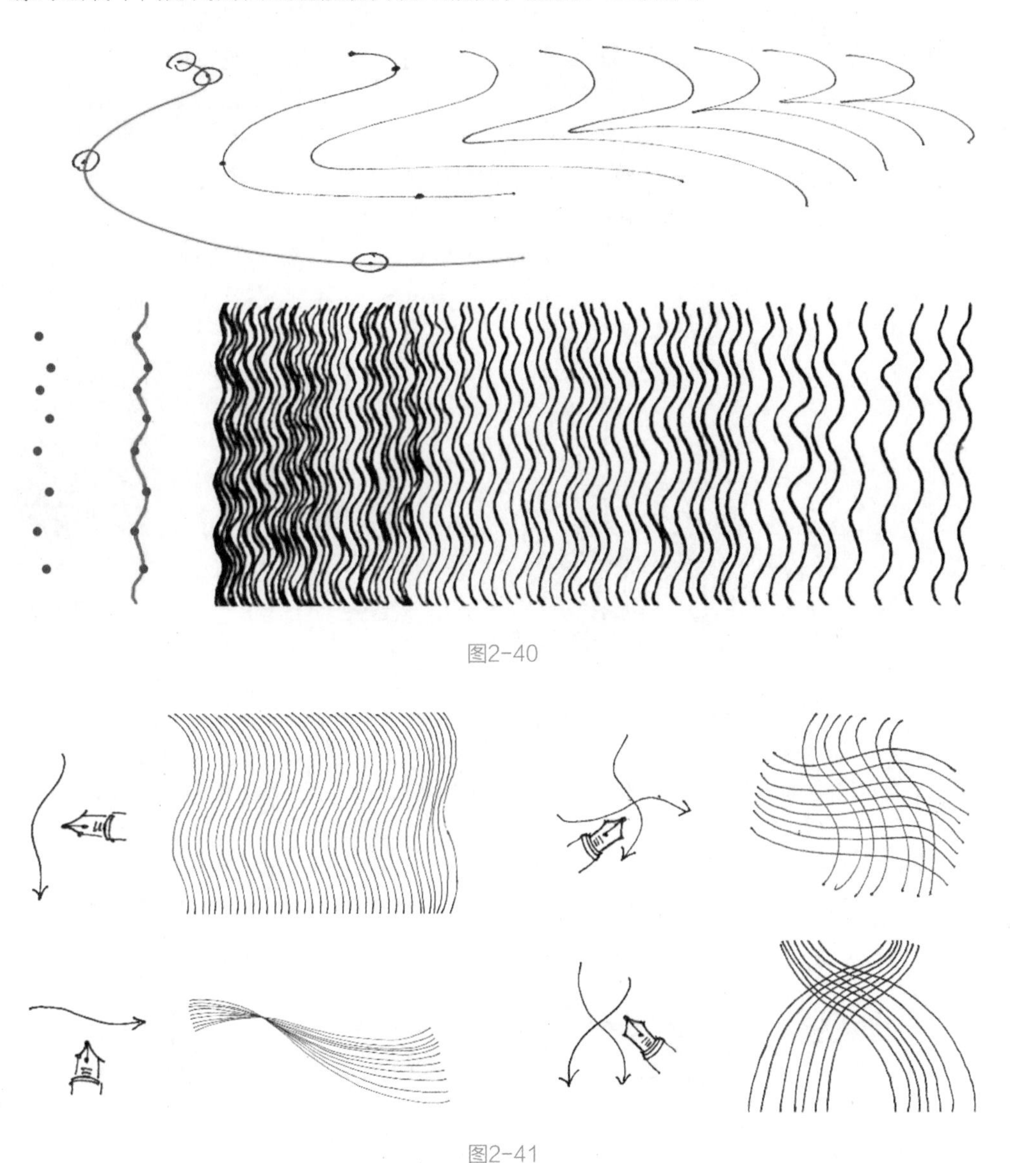

图2-40

图2-41

2.1.6 方向不一的自由线

1. 自由线的概念

自由线是一种具有松散特性的线条，它可以朝任何方向运动，并且具有凹凸的变化。这种线条不受固定方向或形状的约束，具有较大的灵活性和自由度，能够展现出丰富多样的形态和动态感，如图2-42所示。

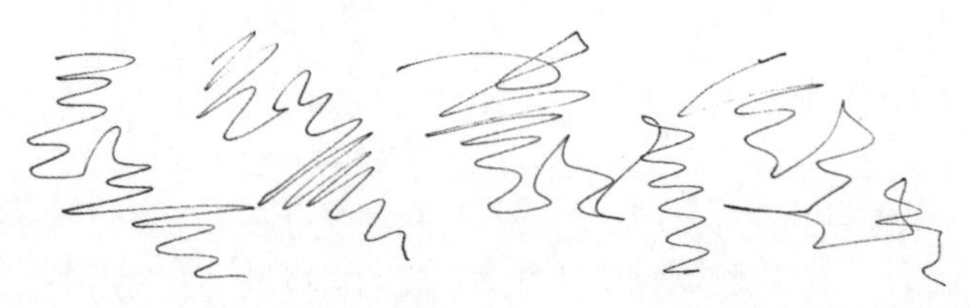

图2-42

2. 自由线的绘制要领

自由线的绘制是在掌握直线和曲线的绘制基础上进行的，熟练掌握这两种基本线条的绘制之后，绘画者可以随心所欲地绘制出千变万化的自由线。在绘制自由线的过程中，关键要注意以下4点。

第1点：绘制自由线时运笔速度要快，线条才会流畅，如图2-43所示。

第2点：线条可以交叉，如图2-44所示。

第3点：自由线一般用于树冠、石头、景观小品等大面积的暗部层次表现，如图2-45所示。

第4点：绘制自由线时要体现出线条的灵动感与自由感，不能太在意线条的具体造型，自由线一般在草图中运用较多，如图2-46所示。

图2-43　图2-44　图2-45　图2-46

3. 练习绘制自由线的方法

自由线的绘制练习多种多样，我们可以通过绘制树冠暗部、景观小品暗部及石头的大面积暗部等进行练习。例如树冠暗部的自由线练习（见图2-47），石头暗部的自由线练习（见图2-48），以及自由线的疏密排列练习。通过自由线的疏密排列练习，我们可以在绘画过程中更好地控制画面的暗部层次，如图2-49所示。

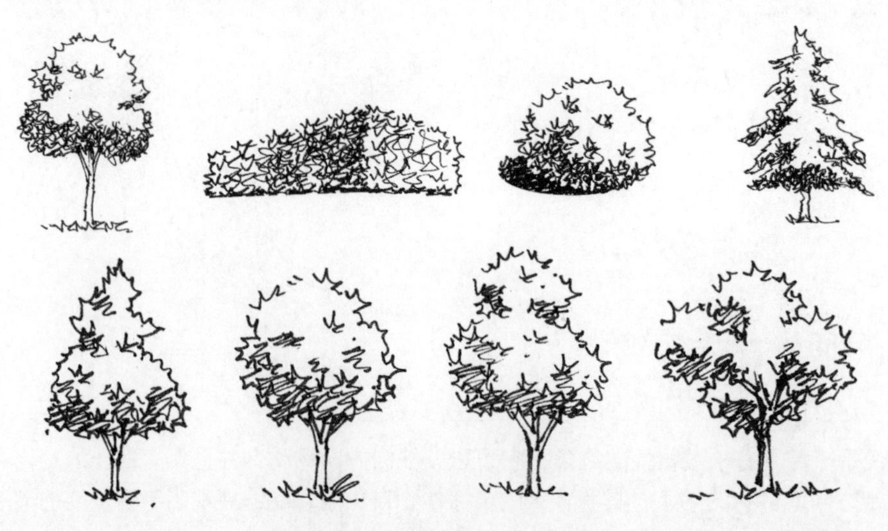

图2-47

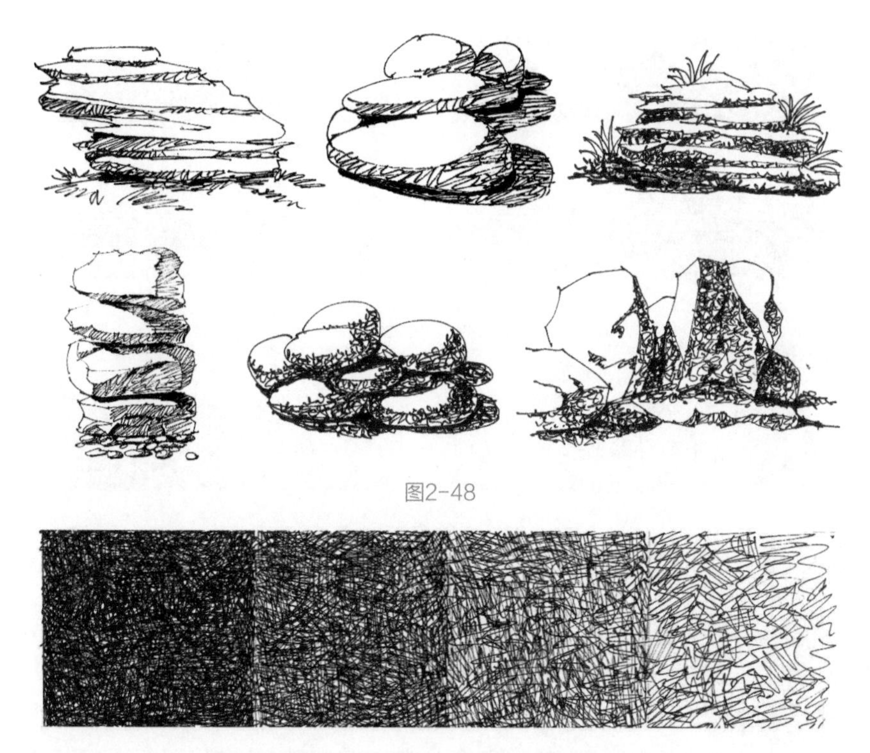

图2-48

图2-49

2.1.7 线条的退晕与渐变表现

线条的退晕与渐变常常用于表现明暗层次过渡。这种表现形式具有深浅纹理，虚实变化明显。直线的退晕与渐变如图2-50所示。

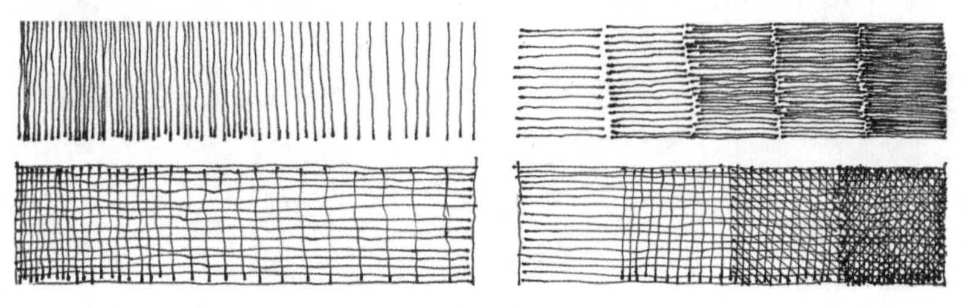

图2-50

弧线的退晕与渐变如图2-51所示。

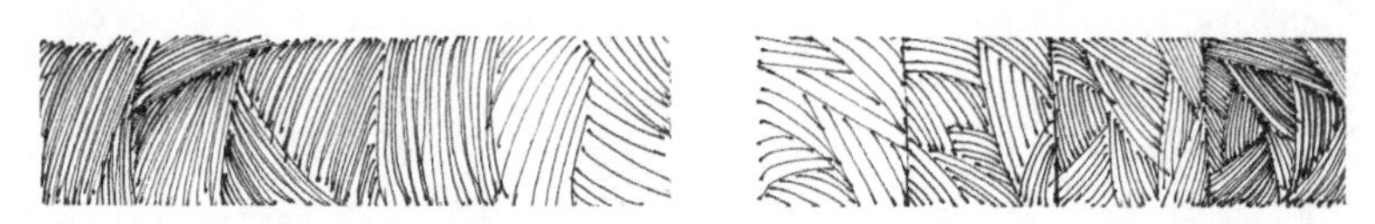

图2-51

曲线的退晕与渐变如图2-52所示。

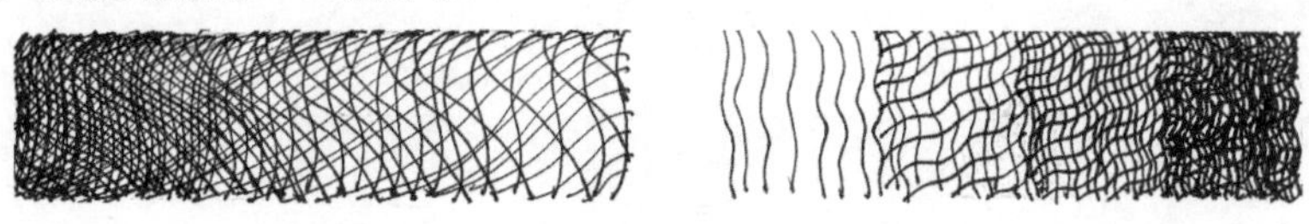

图2-52

自由线的退晕与渐变如图2-53所示。

短线的退晕与渐变如图2-54所示。

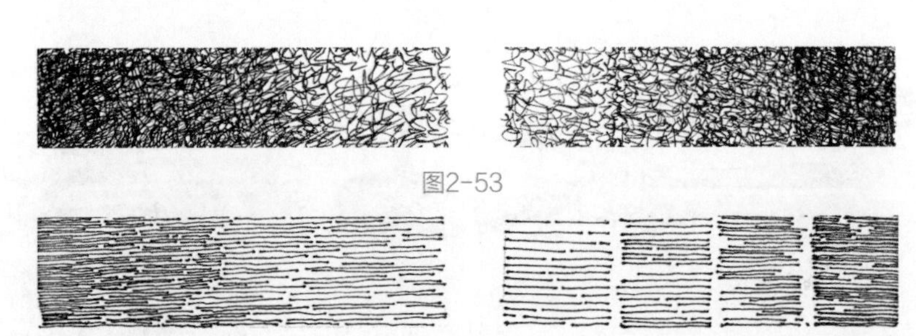

图2-53

图2-54

点的退晕与渐变如图2-55所示。

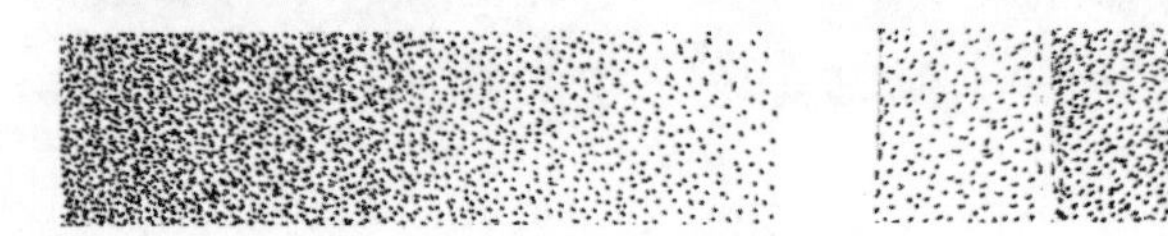

图2-55

2.1.8 线条图案的表现

线条图案的表现是景观设计当中尤为常见的。巧妙地运用不同线条来表现图案，可以增强我们绘制景观铺装材料、景观小品与植物暗部等的能力。

直线图案的表现如图2-56所示。

图2-56

直线、曲线、弧线图案的表现如图2-57所示。

图2-57

直线、曲线、弧线与自由线图案的表现如图2-58所示。

图2-58

2.2 线条的综合运用

2.2.1 线条的组合运用

下面通过具体场景介绍线条的组合运用。不同线条的组合运用可以塑造出各式各样的场景。以直线为主的大量排线可以表现抽象的建筑景观（见图2-59）。以太湖石场景的表现为例（见图2-60），太湖石的表现用到了多种线条，如曲线、直线等；周围的乔灌木的表现则主要用到了抖线和弧线。总之，线条是组成画面的基本元素，线条的组合运用是影响画面美观的重要因素。

图2-59

图2-60

2.2.2 景观场景中线条的运用

练习绘制线条的目的在于将其熟练应用于场景中。在景观场景中，线条的运用体现了绘画者对线条的掌控能力。以花溪夜郎谷城堡道路节点为例（见图2-61），从场景中的碉堡来看，弧线和曲线的运用非常突出，而画面中的明暗层次则主要由直线排列组合而成；乔灌木的冠部主要采用抖线表现，局部的棕榈植物也运用了曲线和弧线表现。广场景观（见图2-62）中的各类线条更为明确，景墙和树池的造型均以弧线勾勒而成，乔灌木的冠部则使用抖线表现，地面的硬质铺

图2-61

图2-62

装则以直线表现为主。

通过分析线条在景观场景中的运用，我们可以总结景观设计手绘线条运用的基本规律：直线通常用于表现硬质铺装、台阶等，而曲线和弧线则多用于表现道路、景观小品、水景造型、景墙及树池等。

2.3 本章小结

本章主要讲解硬直线、软直线、抖线、弧线、曲线和自由线的概念、绘制要领，以及练习绘制这些线条的方法、这些线条的退晕与渐变表现和图案表现，并介绍线条的综合运用，让绘画者明确只有在具体场景中才能体现线条的美感。

2.4 课后实战练习

1. 练习绘制不同类型的线条

以下是针对基本掌握不同线条绘制要领的绘画者目标的短期突击训练计划。线条的熟练绘制需要长期练习，希望绘画者持之以恒。

（1）控笔练习：每天用4张A4纸练习，线条尽量排得密些，主要培养控笔能力，坚持一周。

（2）几何形状练习：结合树冠、草地等，通过人为划定的几何形状如三角形树冠、梯形树冠、圆形树冠等做刻意练习，坚持一周。

（3）搜集实景图片和参考对象：搜集具备曲线和弧线造型的实景图片，或者搜集景观小品座椅、廊架等作为参考，为后续设计积累素材，进行针对性练习，坚持一周，下方提供了两幅参考图片。

（4）暗部塑造练习：结合树冠和石头大面积的暗部进行自由线的绘制练习，塑造暗部的深浅层次，坚持一周。

2. 结合物体和场景练习绘制线条

结合物体和场景来练习绘制线条时，我们可以采用概念性设计或结合实景图片的方法。以下是几幅概念性设计的建筑景观作品，可供绘画者做临摹练习。临摹这些作品可以让绘画者更好地掌握不同线条的应用技巧，进而提高绘画水平和创意能力。同时，绘画者也可以通过观察实景图片来练习绘制线条，比如观察建筑的轮廓、纹理等，然后将其用手绘的方式表现出来。

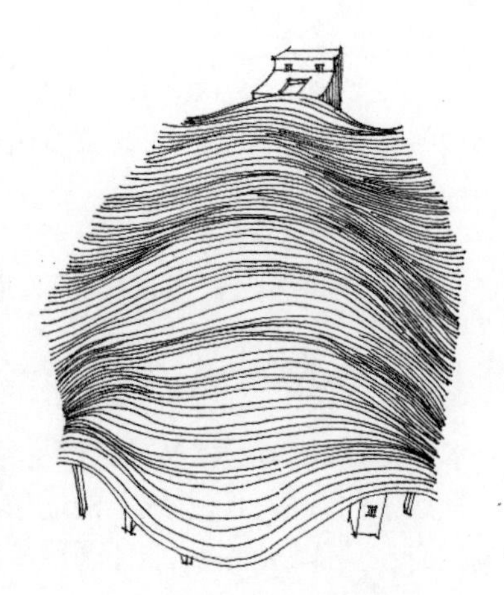

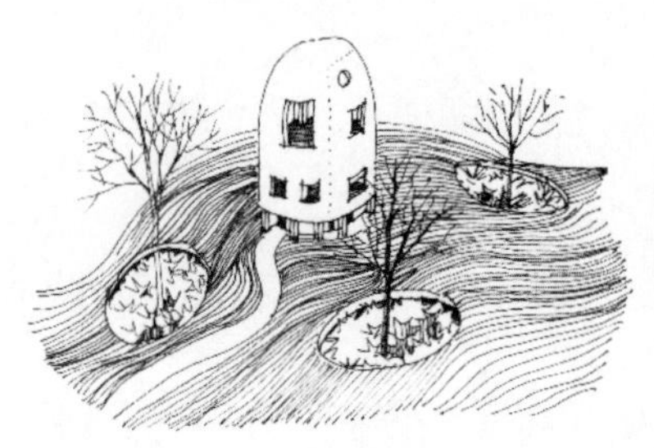

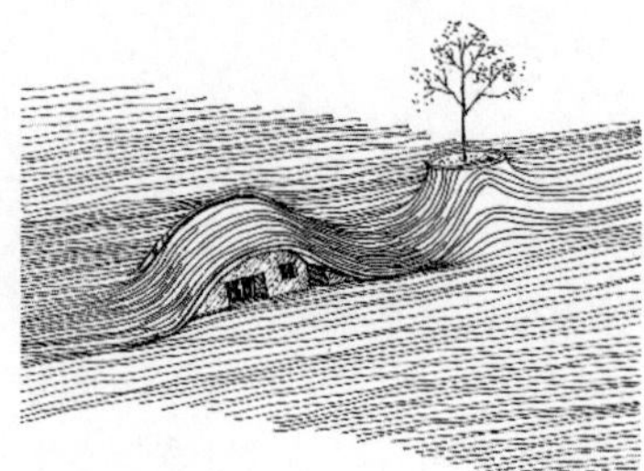

第3章 构图与透视

本章概述

本章主要深入探讨了3个核心板块。首先，介绍了各种构图理论，使读者在绘画前能够确定各种场景适用的构图方式。其次，详细解读了框景的内在含义和实际应用，这部分内容对于写生表现和实战设计中场景的选择起重要作用。最后，系统地阐述了一点透视、两点透视及三点透视的相关理论和具体表现。本章的学习关键在于对理论的重视与理论和实践的结合，只有掌握了相关的构图与透视理论，才能更好地将其应用于后续的绘画实践中。

3.1 构图的基础知识

3.1.1 构图的基本原理与规律

构图在任何形式的绘画中都扮演着重要的角色，特别是在景观设计手绘中。在景观设计手绘中，我们将景观分为主体和客体，以及前景、中景和远景（见图3-1）。无论是手绘表现还是其他任何形式的表现，都离不开构图。构图是体现形式美的核心手段，绘画者通过点、线、面的构成原理来布局画面，能够直观地反映自身的情感和创造力，同时向观者传递作品意境、个人艺术修养、设计审美风格及个人情感。

在景观设计手绘中，无论是草图设计还是效果图表现都追求形式美。对于景观设计师来说，构图时需要考虑以下3个层面。

首先，设计表现的造型本身就是构图。景观设计师需要表现的重点是景观设计的整体规划和局部节点的和谐统一。换句话说，就是表现整体与局部的关系。整体景观往往是由许多细小的景观节点组成的，不同的景观节点中融入了相关的设计元素。景观节点之间的衔接和收边处理都体现了构图的重要性。

其次，景观的光影、形态和肌理在画面上的位置及对比关系也是一种构图（见图3-2）。在景观设计手绘中，需要表现的内容很多，通常不能在一幅画面上表现出全部信息，因此绘画者需要思考分析，记录重点，突出主体。特别是画面中色调较深部分与留白部分要布局合理、均衡。

最后，构图要符合一定的形式美原则，如韵律、节奏、对比、对称、均衡、比例和尺度等。其中，构图均衡是最基本的要求（见图3-3）。在中国书画界，"疏可跑马，密不透风"的说法广为流传。只有做到疏密有致、张弛有度，均衡中带有紧张感，画面有紧有松，作品才会具有视觉张力和冲击力，观者也才能从中领悟到绘画者要表现和强调的重点是什么。

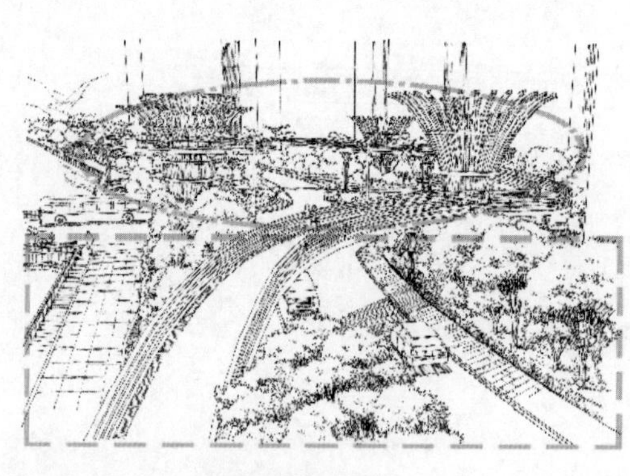
图3-1

图3-2

图3-3

3.1.2 常规构图方式

通过运用特定的构图技巧，我们可以创造出独特且富有韵味的画面，为创作提供有力的支撑。以下是几种在景观设计手绘中常用的构图方式，本小节将详细解析并展示如何巧妙地将它们应用到绘画中，以塑造出别具一格的画面效果。

1. 均衡式构图

均衡式构图通常给人饱满、完美的感觉，画面结构合理，如图3-4所示。其中物体的安排巧妙，可以形成强烈的整体感。如果去掉其中的一部分，可能会导致画面重心偏移，产生空洞和不完整的感觉。

2. 对称式构图

对称式构图常常给人庄严、肃穆的感觉，同时画面具有很强的平衡感。在绘画时，我们不需要将画面的两边画得完全相同，应该适当加入一些变化，以避免画面显得呆板、缺乏生机，如图3-5所示。

图3-4

图3-5

3. 垂直式构图

垂直式构图常被用于表现高大的树木、险峻的山峰、飞流直下的瀑布、高耸入云的摩天大楼，以及其他主要由竖直线构成的景物，如图3-6所示。

4. 变化式构图

多变式构图通常能给人一种意犹未尽的感觉，其有意地将景物放在某一位置，在保持画面平衡的前提下，能激发人们无限的思考和想象，如图3-7所示。

图3-6

图3-7

5. 中心式构图

中心式构图将物放置于画面中心，能对画面内容和形式进行整体考虑和安排，使画面具有稳定感和平衡感，如图3-8所示。这种构图方式能够将人的视线集中在主体景物上，起到突出视觉中心的作用，并能突出主体景物的鲜明特征。这种构图方式也是最容易掌握的，建议初学者先采用这种构图方式。

6. 几何构图

水平式构图通常具备宁静、平和、安逸、稳固等特点，常常被用来展现如镜般平静的湖面、微波轻轻荡漾的水面、广袤而平坦的原野以及辽阔无垠的草原等极具宁静感的场景，如图3-9所示。

图3-8 图3-9

L形构图可以呈现为正L形或倒L形，能够有效地将人们的视线集中在主体上，使主体突出、明确。这种构图方式常用于具有规律性、线条感的画面中，如图3-10所示。

S形构图能够呈现出灵活、多变和优美的视觉效果。在这种构图中，主要的景物通常以S形进行分布，这使得画面具有强烈的韵律感，如图3-11所示。

图3-10

图3-11

X形构图是指画面中的景物呈X形分布，画面具有很强的透视感，这种构图方式通常用于表现一点透视。这种构图方式的特点是画面中的景物以X形的中间点为起点向四周扩散，能够有效地引导观者的视线，从而突出画面的主体，如图3-12所示。

三角形构图由于具有稳定性，通常能给人带来稳固的视觉感受，如图3-13所示。这种构图方式能够很好地突出画面的主体。为了增加画面的灵活性，我们可以采用不同类型的三角形构图，例如斜三角形构图和倒三角形构图等。

图3-12

图3-13

矩形构图将主体集中在矩形框架内，呈现出饱满的整体感，这巧妙地安排了画面结构，同时使画面具有平衡和稳定的特点，是一种常见的构图方式，如图3-14所示。

圆形构图将主体集中在圆形框架内，在视觉上给人以旋转、运动和收缩的审美感受，如图3-15所示。在圆形构图中，如果存在一个吸引视线的趣味点，整个画面将以此点为中心，呈现强烈的向心效果。

图3-14

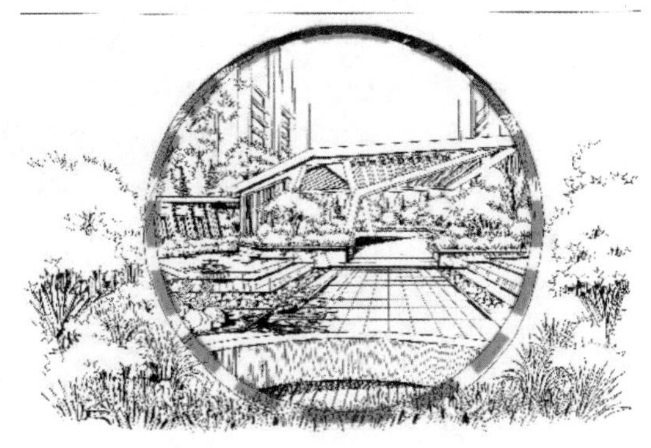

图3-15

椭圆形构图能产生强烈的整体感，并呈现旋转、运动、收缩等视觉效果。它常被用于表现不需要特别强调的主体，更加注重表现场景或气氛，如图3-16所示。

梯形构图是一种经典的构图方式，具有稳定性，能使画面内容产生变化和富有层次感，并呈现出典雅和庄重的氛围，如图3-17所示。

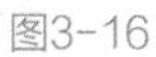

图3-16

图3-17

7. 对角线构图

对角线构图将主体置于画面对角线上，能够高效利用画面对角线的长度，使陪体与主体建立直接联系。这种构图富有动感，充满活力，能产生线条汇聚的趋势，吸引观者的视线，从而达到突出主体的效果，如图3-18所示。

图3-18

8. 黄金分割

黄金分割是自然界中广泛存在的一种现象，它指的是将主体放在画面的大约1/3处，以达到和谐、充满美感的视觉效果。黄金分割法也被称为“三分法则”，即将整个画面在横、竖方向上用两条直线分别分割成三等份，然后将主体放在任意一条直线或任意两条直线的交点（即黄金分割点）上。

虽然黄金分割是一门高深的学问，其使用方法有很多种，但此处不做深入研究，仅向大家介绍一种简单易用的方法。

我们知道黄金分割比例是指把一条线段分割为两部分后，其中较长部分的长度与全长之比等于较短部分的长度与较长部分的长度之比。该比值的近似值是0.618。

在绘画之前，我们可以根据黄金分割比例，在画面中画出几条黄金分割线，并确定黄金分割点的位置，然后将需要着重表现的主体或者主体的某个部位放在黄金分割点上。图3-19中几个红色十字所在的位置即为黄金分割点。

图3-19

3.1.3 其他构图方式

1. 紧凑式构图

紧凑式构图通过将主体以特写的形式放大，使其占据画面的全部或大部分，从而呈现出紧凑、细腻和微观的特点。这种构图方式常用于拍摄人物肖像、微观摄影或展现局部细节。在刻画景观的局部细节时，紧凑式构图往往能够达到传神的效果，令人难以忘怀，如图3-20所示。

2. 小品式构图

小品式构图通过近距离表现的方式，使原本平凡的小景物变得富有情趣、寓意深刻。这种构图方式具有不拘一格的特点，没有固定的章法，通常以小品独特的形态作为构图的基础，如图3-21所示。

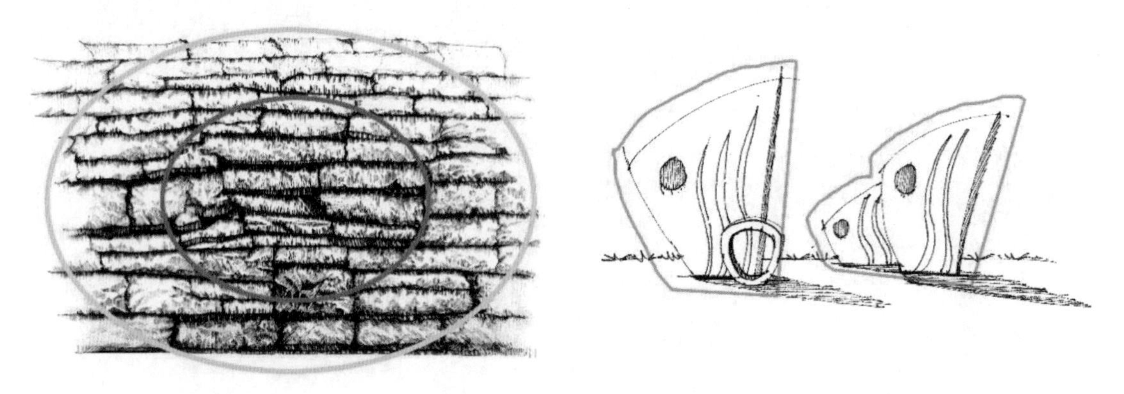

图3-20　　图3-21

3. 斜线式构图

斜线式构图是常用的构图方式，分为立式斜垂线构图和平式斜横线构图两种。它常用于描绘动荡、紧张的场景，引导观者的视线。灵活运用斜线式构图可以增强画面的视觉冲击力和形式感，如图3-22所示。根据表现对象、场景和主题选择合适的斜线角度，可以创造更具美感和表现力的作品，同时保持画面的平衡和稳定。

图3-22

4. 放射性构图

放射性构图是一种以主体为核心的构图方式，在这种构图中，景物呈向四周扩散的形式，使人的注意力集中在被刻画的主体上，并使画面呈现开阔、舒展、扩散的效果，如图3-23所示。这种构图方式常用于在较为复杂的场景中突出主体，也用于在较复杂的情况下制造特殊效果。

在放射性构图中，主体处于中心位置而四周景物朝中心集中的布局能够将观者的视线引向主体，起到聚焦的作用，如图3-24所示。这种构图方式具有突出主体的作用，但有时也可能给人压迫中心、局促沉重的感觉。

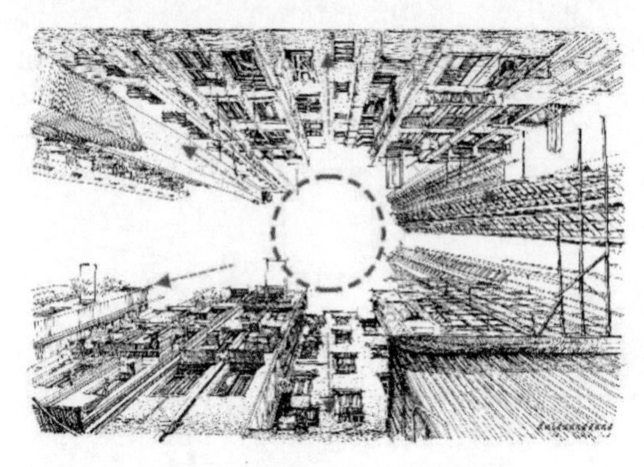

图3-23

图3-24

3.1.4 构图要点

1. 布局合理

布局合理是指画面的布局要疏密有致。构图方式多种多样，但每种构图方式都应确保画面布局均衡，画面重心稳定，画面有中心主体、有虚实变化，元素间相互呼应，并避免出现景物上下浮动、物体膨胀扭曲、物体结构过于简化、面面俱到等问题，如图3-25所示。

图3-25

2. 主次分明

主次分明是指主景和次景之间有明确的虚实关系。初学者常常只刻画主景而忽略次景，这会使主景显得孤立、单薄，画面空间感不强；而只有次景、缺乏对主景的刻画则会导致主体不分明或者无主体。主景和次景应该是相关联的，它们之间是有呼应关系的，如远近、大小、高低、虚实等，把主景和次景合理安排到画面中才是正确的选择。

以图3-26为例，在中景和远景中刻画廊架时，中景的廊架应该更加细致地刻画，而远景的廊架则应该采用更加模糊的方式处理，以突出中景廊架的主体地位；前景也应该与背景建筑和植物之间有一定的虚实差异，从而形成明确的主次关系。

图3-26

3. 特点突出

特点突出是指画面中存在明确的重点表现对象，以及主景具有明显的特征、基调。以一个现代感十足的小品为例（见图3-27），该小品中的主景是景观小品。景观小品的设计灵感来自折纸和飘带元素，并通过立体构成的形式展现。景观小品与前景和背景形成了鲜明的对比，这使得景观小品的特征更加突出。

图3-27

3.1.5 构图的尺寸与比例

1. 尺寸与比例

在构图时，不仅要注重画面的美感，还要使画面有合理的尺寸与比例。只有这样，绘制出来的效果图才经得起推敲。一个简单的方法是以人物的尺寸与比例为参照，确定景物的尺寸与比例。初学者可以先绘制出人物，然后将人物与其他景物对比，由此来确定正确的构图尺寸与比例。

下面在确保同一场景中其他景物不变的情况下，通过改变人物尺寸与比例来做分析。在图3-28中，景观廊架的尺寸和人物的尺寸恰当，画面比例比较合理，画面整体空间感较强。接下来将人物的尺寸变大，在其他条件不变的情况下，整体空间进深会变小，仔细推敲后，会发现该场景更适合作为儿童游乐区，如图3-29所示。因此，人物的尺寸与比例是影响整体空间感的关键因素之一，根据绘画需求合理安排人物的尺寸与比例，绘画者才能得到理想效果。正常情况下将人物画得过大，会影响整体的构图和导致比例失衡的情况。

图3-28　　图3-29

画面的尺寸与比例的参照物除人物外，还包括建筑楼层、乔木和廊架等元素，如图3-30所示。无论选择哪个参照物，绘画者都需要了解其具体尺寸。例如，建筑楼层高度通常约为3米，用作行道树的乔木的高度通常在5米至8米之间，而室外廊架的高度则通常在3米至3.5米之间。这些信息可以帮助绘画者在构图时更好地把握画面的尺寸与比例。

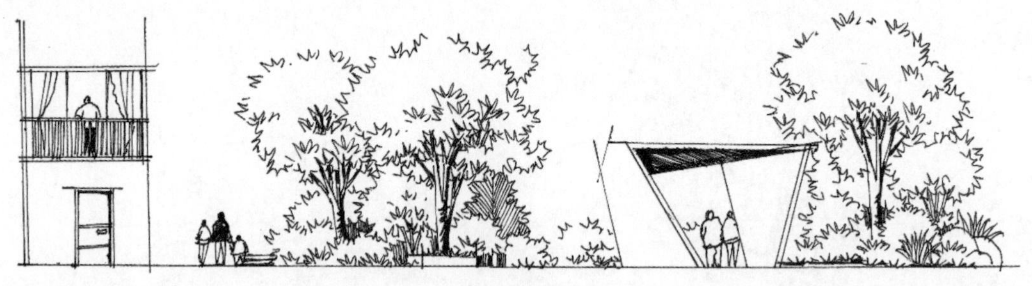

图3-30

2. 空间感

景观设计中的空间感是指设计师通过一定的设计手法，引发观者对现实空间的审美体验。这里所指的空间既包括设计作品本身所直接表现的空间，也包括观者根据设计作品联想到的空间。从景观设计的角度来看，空间感受到不同景观的大小、远近、虚实等多种因素的影响。以两幅表现相同场景的景观线稿效果图为例（图3-31为原始效果，图3-32为修改后的效果），主体景观相同时，改变中景和远景的植物配置会对画面的空间感产生影响。

图3-31　　图3-32

作为设计师审美意识的物质化表现，设计作品存在于一定的空间之中。艺术形象的有限性与表现对象、现实世界的无限性之间的对比，使得空间感在设计创作和艺术设计欣赏中具有重要的美学意义，如图3-33所示。

图3-33

3.1.6 常见构图问题解析

1. 主体不突出，构图偏小

问题分析：构图偏小会造成画面空洞、视觉冲击力不强，如图3-34所示。构图偏小的原因有以下几点：绘画者缺少整体把握画面的能力；绘画者将自己选的参照物画得过小，导致画面到最后留有很多空白；绘画者因实际景物庞大而给自己一种心理暗示——一定要将它缩小，不然画不下。

矫正方法：首先，绘画者要找准参照物在画面上的大小和位置，整体判断能否把想表现的对象表现在画面当中；其次，关注整体，勾画轮廓时要不拘小节，多参考景物之间的距离以及景物的大小、高低等；最后，只要确定能在画面上把想表现的景物表现出来，就要做到画面内容有中心、有重心，以及不浓缩、不下沉、不偏离、不膨胀、不面面俱到、不一味刻画局部等。矫正后的画面更饱满，视觉冲击力也相对较强，如图3-35所示。

图3-34

图3-35

2. 主体偏大，构图过满

问题分析：整个画面过于饱满，不仅会给人一种拥挤、不透气的感觉，甚至让人产生压抑的情绪，还会导致后续需要绘制的物体无法被正常地添加到画面中，如图3-36所示。造成这类构图问题的原因，在于绘画者在绘画前没有进行充分的分析，没有重视各个物体在画面上的比例关系，只是一味地刻画细节，从而忽略了整体效果。因此，建议初学者先从整体着手，然后再深入刻画各个细节，这样就可以避免这类问题的出现。

矫正方法：正确的构图应当使纸张边缘留有一定的空白，为观者提供想象的空间，同时能呈现画面由实到虚的过渡效果。在构图和绘画的过程中，一定不要局限于对细节的刻画，从一开始就要全面掌控画面。通过这样的矫正方法，绘画者可使画面构图更加恰当、主体更加突出、空间关系更加合理，如图3-37所示。

图3-36

图3-37

3. 构图偏移

问题分析：为了增强画面的视觉冲击力，我们常常将大型建筑安排在稍微偏离画面中心的位置。然而，如果没有掌握好偏离的度，就会导致画面失衡，例如过度偏右（见图3-38）或过度偏左（见图3-39）都会对画面的视觉效果产生负面影响。如果我们只是一味地关注细节而忽略整体，将很难把握好画面的整体比例关系。因此，在动笔之前，我们需要构思好整个画面的架构。

矫正方法：针对大型建筑，应采用均衡式构图来确保其在画面中的位置合适，使画面重心稳定，同时确保画面前后左右虚实得当，这样可使画面不偏、不下沉、不膨胀，并且主次分明，如图3-40所示。

图3-38

图3-39

图3-40

4. 主体不明确

问题分析：初学者往往对整体画面的掌控能力不足，因而其所绘制的画面容易出现主体不明确的问题。他们在作画时过于关注局部细节，导致画面过于平淡，前后、虚实关系不明确，主景与配景难以区分，从而使画面丧失了视觉焦点。例如，在图3-41中，由于绘画者没有处理好植物与景观墙之间的虚实、明暗关系和层次，画面显得平淡且缺乏主体，没有形成有效的视觉引导。

矫正方法：为了解决主体不明确的问题，初学者需要增强对整体画面的掌控能力，加大对主体的刻画力度，使其从配景中突显出来。通过丰富主体周围的植物层次，立体景观亭变得突出，并与周边植物形成了鲜明的对比，为观者提供了明确的视觉焦点，如图3-42所示。

图3-41

图3-42

3.2 框景

3.2.1 框景的概念与实操

1. 框景的概念

框景是一种空间景物取舍的艺术，适用于场景中存在可取之景的情况。绘画者利用门框（见图3-43）、窗框（见图3-44）、树框、植物围合而成的框及山洞等元素，可以有选择性地展示景物。框景不仅可以突出画面的主景，还可以增加景深，使画面更加生动和有趣。

图3-43

图3-44

2. 框景的实操

手框框景：用手迅速框选景物，如图3-45所示。

圆形框景：通过圆形框来框选景物，如图3-46所示。

六边形框景：通过六边形框来框选景物，如图3-47所示。

植物围合框景：通过植物围合的形式框选景物，如图3-48所示。

矩形框景：通过矩形框框选景物，如图3-49所示。

图3-45

图3-46

图3-47

图3-48

图3-49

3.2.2 场景的选择与表现

1. 场景的选择

在构图中，我们根据自己的想法，适当地添加或减少景物可以得到效果更好的画面。下面以网师园的实景图为例，阐述写生过程中场景的选择。场景的选择一般要注意以下3个要点。

第1点，尽量选择在画面中所占面积较大的突出的景物作为写生对象。例如在图3-50中，前景太湖石和植物在画面中所占面积最大，因此可以将其作为写生对象。

第2点，选择明暗层次分明的场景，这样有利于增强明暗对比，如图3-51所示。

第3点，场景中的主体景观，尤其是前景建筑距离我们较近时，可以将这类场景作为首选，这类场景在经过手绘细化后，能使画面的视觉冲击力更强，如图3-52所示。

图3-50

图3-51

图3-52

设计师手绘场景时，需要考虑以下3个关键点。首先，手绘图要全面展示景观节点，避免遮挡过多（见图3-53）。其次，手绘图要适度细化，让客户满意并让设计落地（见图3-54）。最后，选择适合自己的视角和表现手法来表达设计理念，进行不同的视觉效果呈现和情感表达（见图3-55）。

图3-53

图3-54

图3-55

2. 场景的表现

场景的选择与表现——写生场景示范01

写生场景手绘表现示范如下。

（1）用铅笔打底稿，合理布局，绘制园林景观的整体轮廓，如图3-56所示。

（2）根据铅笔底稿，进行园路石板、景墙及周边乔灌木的墨线绘制，如图3-57所示。

图3-56

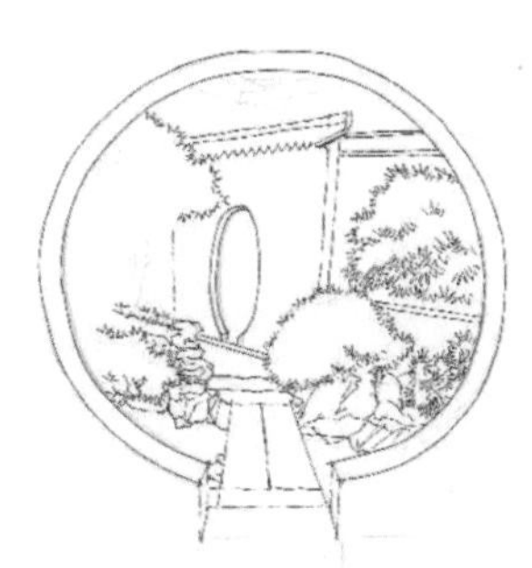

图3-57

（3）完善框景，并在局部刻画景物的交界处，初步拉开景物的前后层次，如图3-58所示。

（4）整体细化画面，塑造建筑、石头及乔灌木的明暗关系，使画面视觉冲击力更强，如图3-59所示。

图3-58　　图3-59

（5）调整画面细节，加深圆形门框的背光面，进一步加大明暗对比，突出画面的视觉中心，如图3-60所示。

图3-60

设计场景手绘表现示范如下。

（1）使用铅笔确定消失点，绘制树池和乔灌木的基本轮廓，如图3-61所示。

（2）绘制一株乔灌木作为参照物，并描绘树池的造型，如图3-62所示。

（3）补画树池和背景中的植物，如图3-63所示。

（4）刻画主体景观树池的明暗关系，细化植物，局部强调植物的明暗关系，如图3-64所示。

场景的选择与表现——写生场景示范02

（5）整体调整画面，根据消失点绘制出地面铺装，添加配景飞鸟以活跃画面气氛，如图3-65所示。

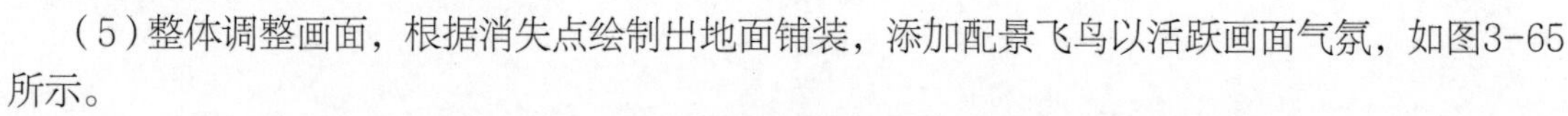

图3-61　　图3-62

图3-63

图3-64

图3-65

3.3 透视的理论知识与表现

3.3.1 透视概述

1. 透视的概念

“透视”一词源于拉丁文“perspclre”，意为“透而视之”。在现实生活中，只要睁开双眼，我们便可观察到周围的环境和物体的形态、大小、色彩等。由于距离和方位的不同，我们在视觉上会产生不同的反应，这种现象被称为“透视现象”。

接下来，我们将对透视与构图的关系进行深入解析。了解透视离不开透视图，图3-66所示是常用的将3种透视图融合在一幅画面内的示例，可以方便我们学习。图中标记了3个消失点（灭点），在绘画时常常会为了美观而将它们省略。

从图中可以看出，立方体边线的延长线朝VP3方向消失的图被称为“一点透视图”，立方体边线的延长线同时朝VP2和VP3方向消失的图被称为“两点透视图”，立方体边线的延长线同时朝VP1、VP2和画面外的消失点方向消失的图被称为“三点透视图”。

另外，边线的延长线朝T点方向消失在画面外的图被称为“仰视图”，而边线的延长线朝F点方向消失在画面外的图被称为“俯视图”。

综上所述，我们需要掌握这些透视图的特征，以便在绘画过程中去掉消失点和消失线后，仍能够迅速判断出画面属于哪一种透视类型。

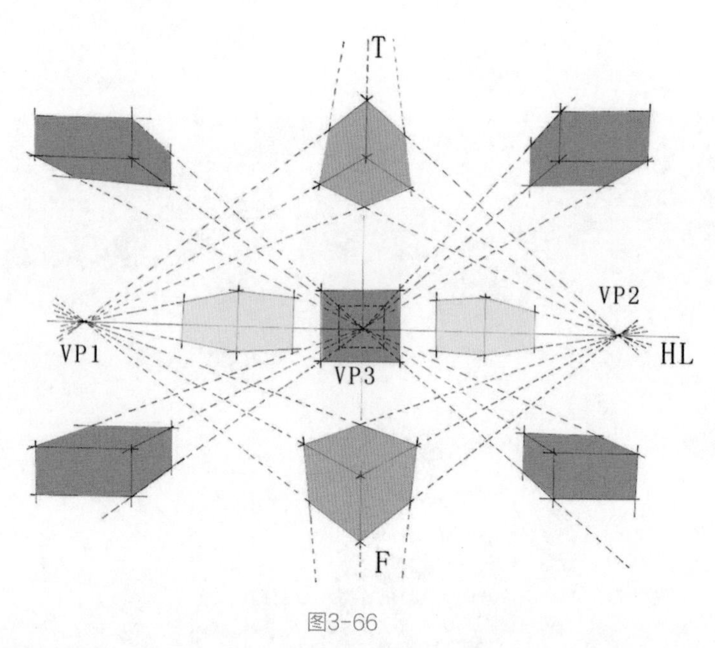

图3-66

2. 透视的相关术语

画面（PP）：介于眼睛与景物之间的假设透明平面，可以向四周无限地扩大。

基面（GP）：承载着物体（观察对象）的平面，如地面、桌面等，在透视学中默认为基准的水平面，永远处于水平状态，与画面垂直。

基线（GL）：画面与基面的相交线为基线。

景物（W）：所描绘的对象。

视点（EP）：观察者眼睛所在的位置叫“视点”，是透视的中心点，所以又叫“投影中心”。

站点（SP）：从视点做垂直线交于基面的点叫作“站点”，又称“立点”。

视高（EL）：视点到基面的垂直距离叫“视高”，也就是视点到站点的距离。

视平线（HL）：与视点同高并通过视心的假想水平线。

视心（CV）：从视线做垂直线交于画面的点叫作“视心”，也称“主点”。

消失点（VP）：与视平线平行而不平行于画面的线会相交于一点，这个点就是消失点，又称“灭点”。

图3-67表明了透视的基本术语。

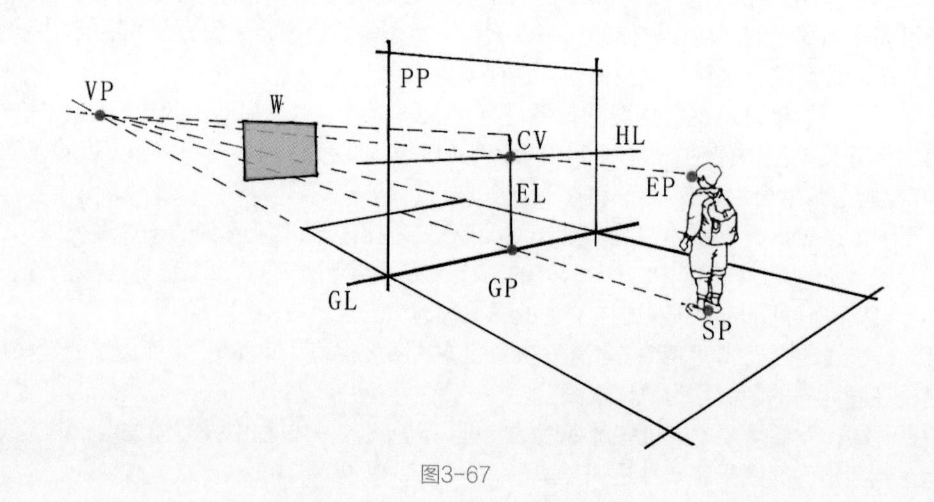

图3-67

3. 视平线

确定视平线是绘画前期的一项首要工作。它的确定能表明绘画者的观察方式，如是仰视、俯视还是平视。接下来以平视为例来分析视平线（见图3-68）。

图3-68

由于视平线永远是水平的，所以它充当着我们所能看见的物体的分界线。通过视平线，我们可以确定被画的物体高度。在图3-68中，以成人的视角分别看向3处景物：视角①看向高大的乔木，视线远远高于视平线，这是一种仰视角度；视角②看向远景亭子，视线也高于视平线，并且能看见亭子的顶部暗面；视角③看向左侧绿化带中的石头，视线是低于视平线的，这属于俯视角度，石头顶面被看到的面积相对较多。

为了更好地理解视平线的概念，我们以图3-69、图3-70和图3-71为例进行详细说明。在图3-69中，视平线被放置在画面的1/3处，没有过多的透视效果，方便把控细节。而在图3-70中，视平线以下的景物顶面所占面积增大，透视效果逐渐增强，把控细节的难度也有所提升。当视平线被放置在画面的2/3处及以上时（见图3-71），透视效果更加明显，绘画者需要更加注意对细节的把控。

通过对这些实例的分析，我们可以更加深入地理解视平线的位置对于设计效果的影响。在具体的设计过程中，我们可以根据实际需求选择合适的视平线位置，以获得最佳的设计效果。初学者可以从简单的实例入手，逐渐掌握实现透视效果的技巧和方法。

图3-69

图3-70

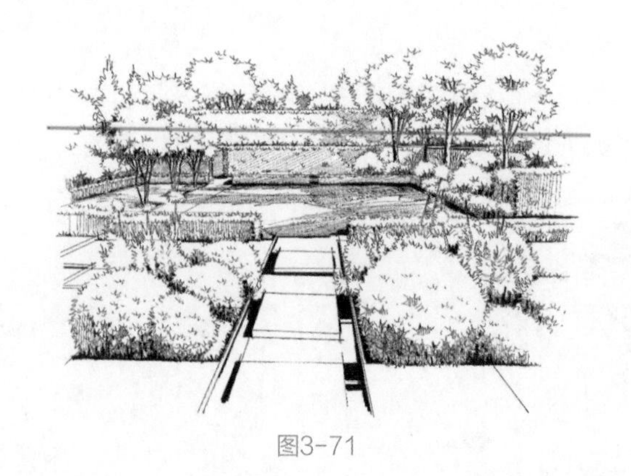

图3-71

3.3.2 一点透视

1. 一点透视的概念

一点透视，也称平行透视，其特点是在画面中只有一个消失点（见图3-72）。当绘画者的视线与所画物体的立面形成直角时，物体纵向上的消失线最终会交会于一点，这就是一点透视的原理。为了更好地掌握一点透视的表现技巧，建议利用立方体进行练习，如图3-73所示。

一点透视的概念与案例表现

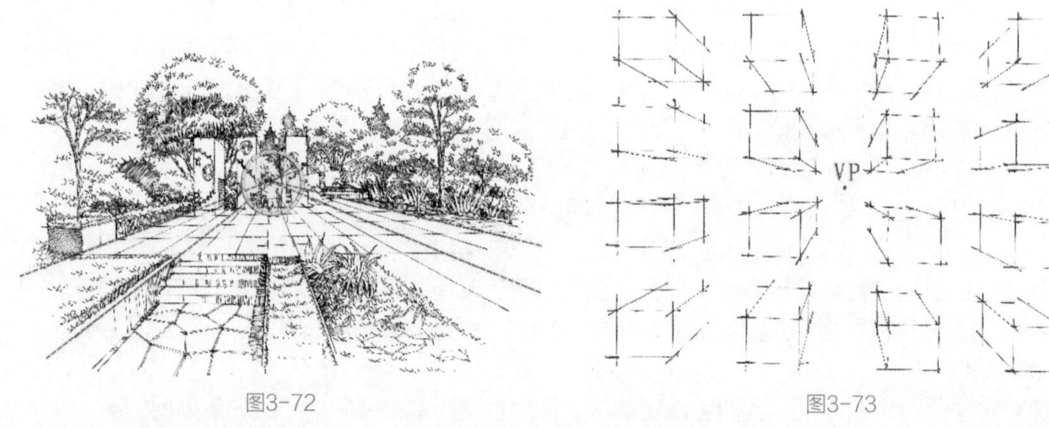

图3-72　图3-73

2. 一点透视案例表现

接下来，我们将以一个简单的廊架景观空间作为练习对象，来巩固一点透视的概念并积累相关的设计元素。

（1）确定画面中的消失点，绘制出廊架柱子及画面整体的透视线，如图3-74所示。

（2）绘制出前景压边乔木，并进一步细化廊架顶部和地面铺装分割线，如图3-75所示。

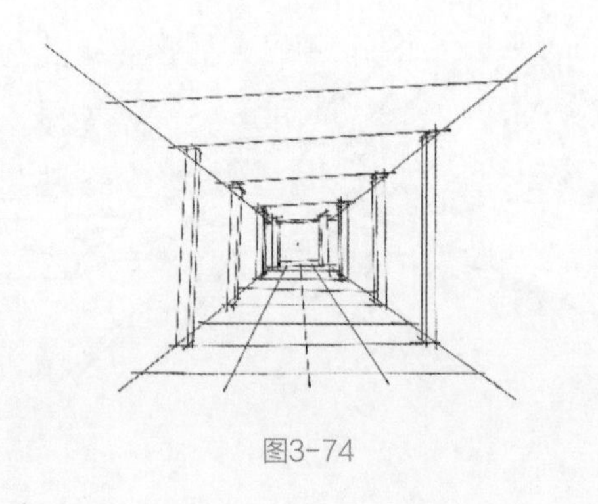

图3-74

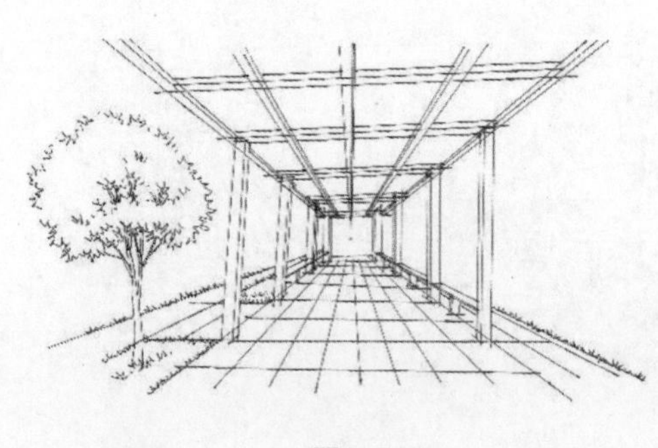

图3-75

（3）绘制出廊架周围的乔灌木，统一节奏，如图3-76所示。

（4）塑造画面的明暗关系，并用黑色马克笔加深暗部，如图3-77所示。

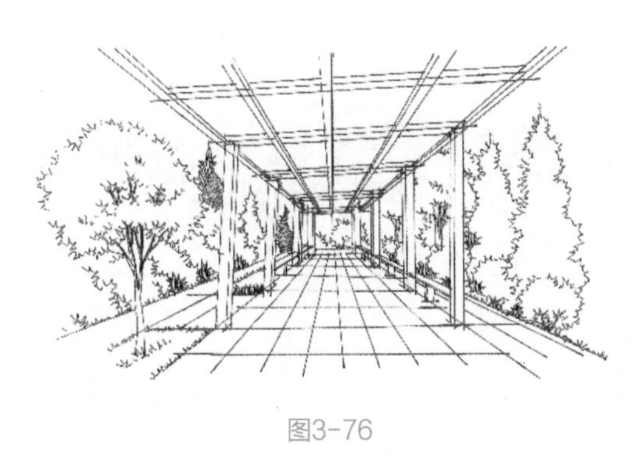

图3-76

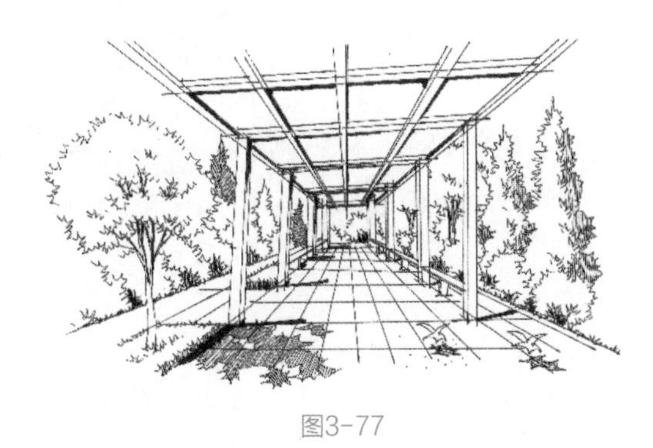

图3-77

3. 一点透视构图的注意事项

进行一点透视构图时要注意以下5点。

第1点，视平线尽量处于整个画面的1/3处，压低视平线能让画面景物形成遮挡，降低把握画面细节的难度，便于表现，如图3-78所示。

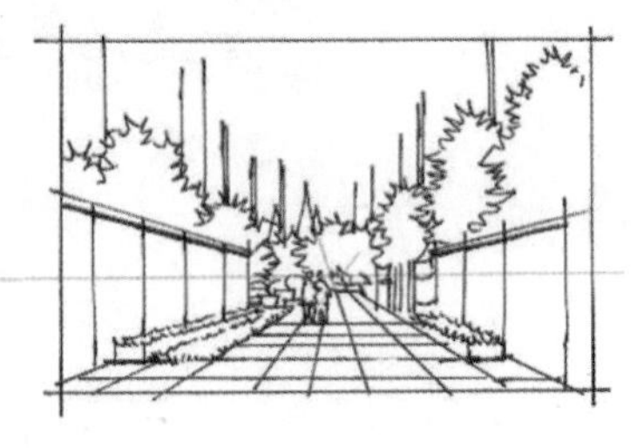

图3-78

第2点，消失点的移动会影响一点透视的空间表现，如图3-79所示。

图3-79

第3点，绘画者与景物的距离由纵向的变线（透视线）决定，变线越长，透视场景的进深感越强，透视空间就会越大，如图3-80所示。

图3-80

第4点，将主体景观放在消失点周围，因为消失点是所有变线汇聚的地方，所以这样做会有聚焦的作用，能更好地突出主体景观，如图3-81所示。

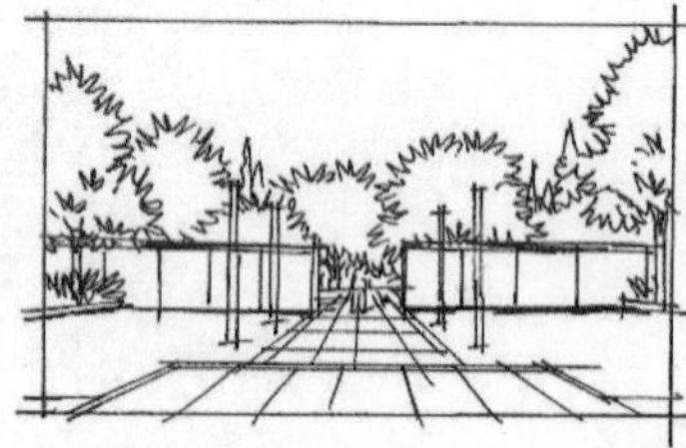

图3-81

第5点，整个画面的透视空间也受到植物遮挡的影响，视线被植物遮挡越多，画面的空间感与延展性就越弱，如图3-82所示。

图3-82

3.3.3 两点透视

1. 两点透视的概念

两点透视的概念与案例表现

两点透视又称成角透视，是画面当中有两个消失点的透视类型（见图3-83）。两点透视的两个消失点在一条直线上，这条直线叫作视平线。两点透视手绘作品如图3-84所示。

图3-83

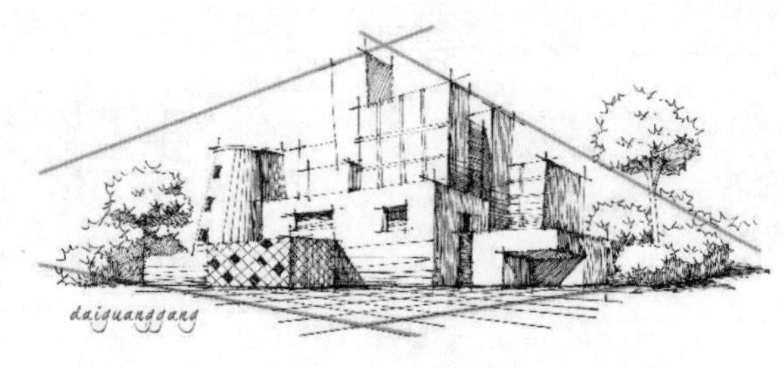

图3-84

2. 两点透视案例表现

为了让初学者更好地掌握两点透视的快速表现方法，我们将两点透视的两个消失点都定在画面以内。一般情况下两点透视的两个消失点都在画面以外，尤其是视点距离所画物体较近时，我们很难在画面内找到两个消失点。

（1）用铅笔打底稿，确定两个消失点和视平线，绘制出水池和树池的基本造型，如图3-85所示。

（2）根据铅笔底稿绘制出水池、树池中的乔灌木，如图3-86所示。

（3）细化水池与树池，根据消失点规划地面铺装的区域，如图3-87所示。

（4）绘制出地面铺装，并增添背景植物，统一画面节奏，如图3-88所示。

（5）整体调整画面，运用黑色马克笔塑造画面的明暗关系，概括表现背景建筑，如图3-89所示。

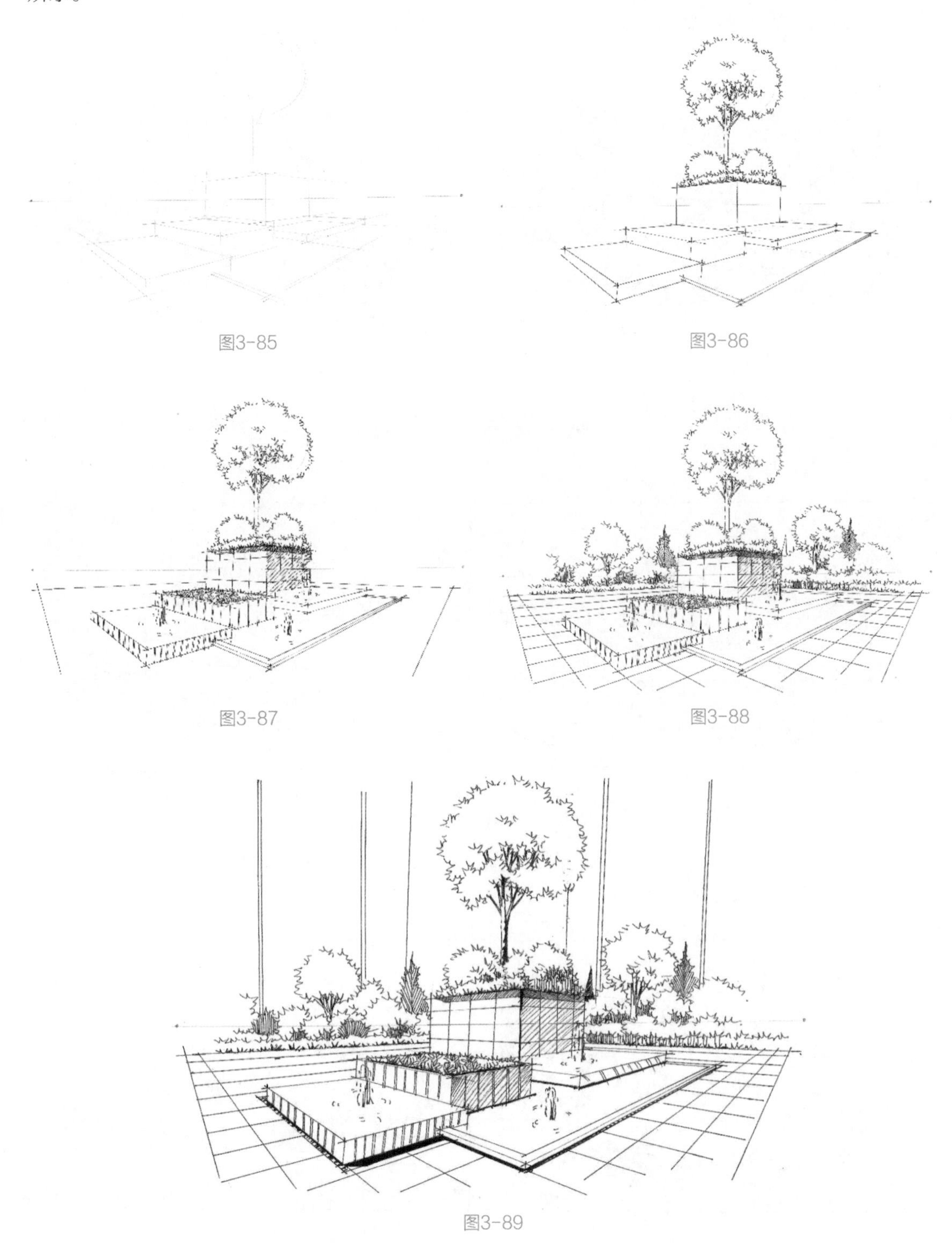

图3-85

图3-86

图3-87

图3-88

图3-89

3. 两点透视构图的注意事项

两点透视构图一般会将主体景物放置在画面中心附近，这样构造的透视空间给人的感觉比较舒适，如图3-90所示。

若能同时在画面内找到两个消失点，那么画面的主体景观相对偏小，为了弥补这种不足，一般会在空旷的场景中添加配景人物、车辆、铺装等完善画面构图。要注意添加的配景与视平线的关系，一般成人的头部略微高于视平线，如图3-91所示。

图3-90　　图3-91

两点透视构图中视平线依然处于画面的1/3处，相对较低，画面的部分景物形成遮挡，这样能更好地控制画面，如图3-92所示。

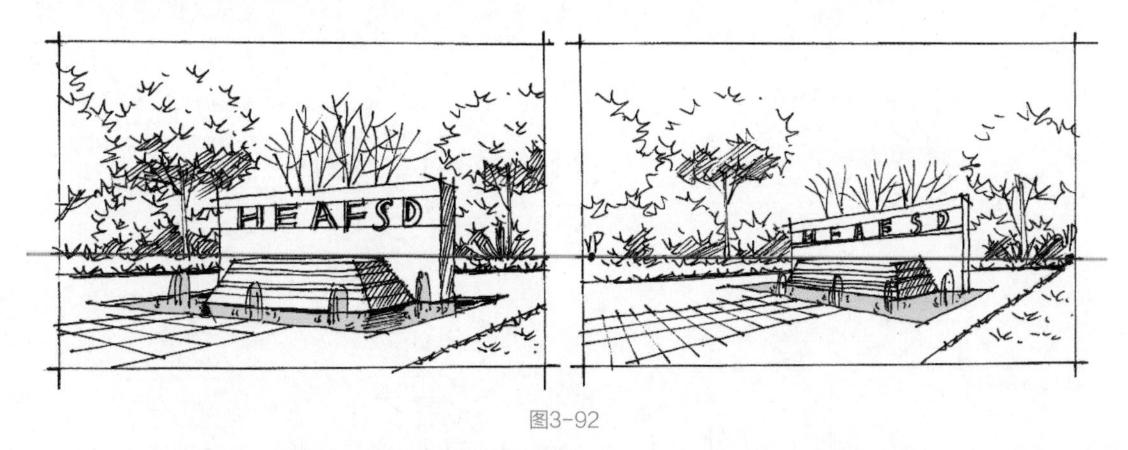

图3-92

消失点的远近会直接影响画面主体景观的视觉冲击力。当消失点在画面以外时，画面的主体景观往往会更饱满，如图3-93所示。

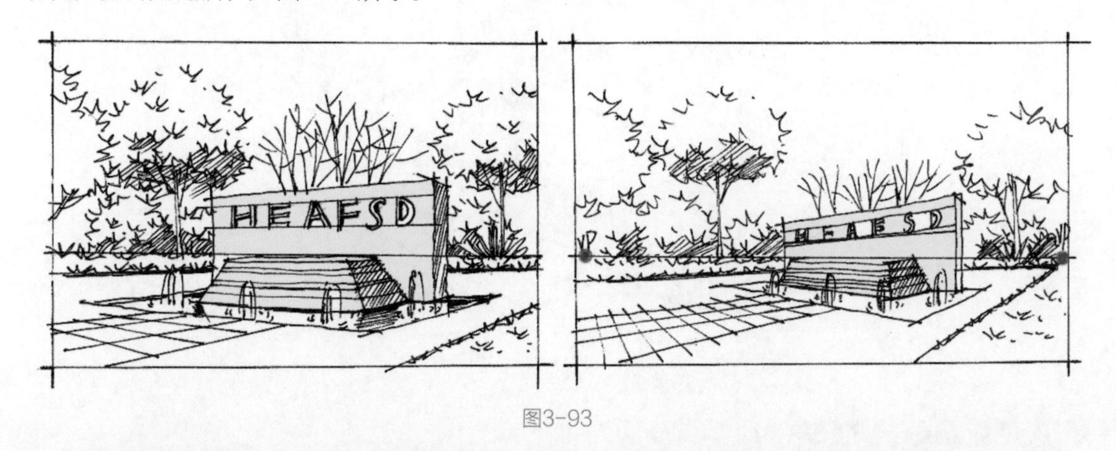

图3-93

两点透视构图中的主体景观在画面中所占面积会小一些，从突出画面的主体景观的角度看，进行两点透视构图时适合将消失点定在画面以外，如图3-94所示。

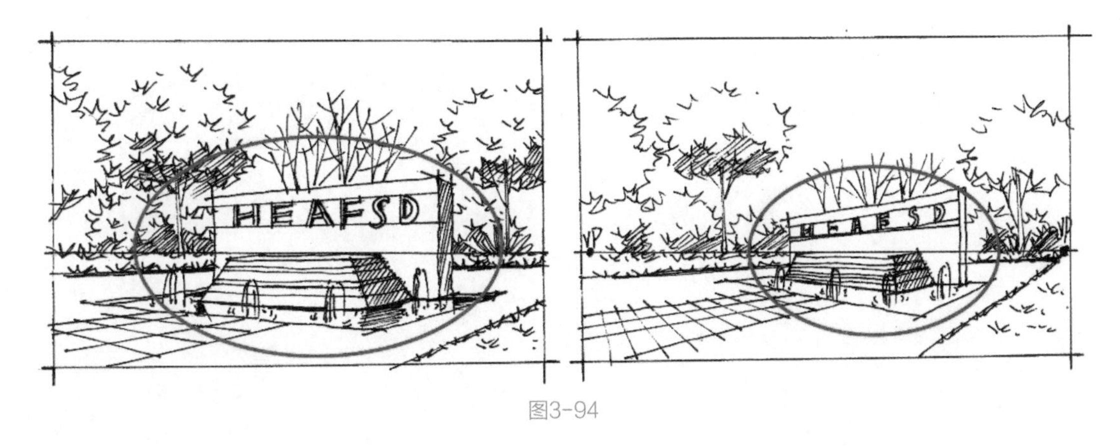

图3-94

3.3.4 三点透视

1. 三点透视的概念

三点透视又称斜角透视，是画面当中有3个消失点的透视类型，如图3-95所示。在三点透视构图中，主体景观没有任何一条边缘线、面、块与画面平行，相对画面来说，主体景观是倾斜的。三点透视构图以仰视角度（见图3-96）和俯视角度呈现，常用于表现大型建筑。

三点透视的概念与案例表现

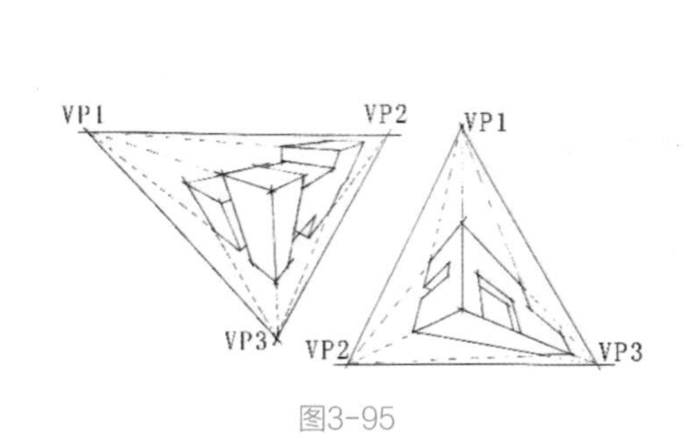

图3-95

图3-96

2. 三点透视案例表现

为了更好地理解三点透视的基本规律，我们将3个消失点都绘制在画面内，并以简单的广场树池作为表现对象。三点透视相对一点透视和两点透视来说较难掌握，主要的难点在于它的变量有3个，尤其是竖向的倾斜变量在绘画时要花更多时间推敲。

（1）用铅笔确定3个消失点，绘制出树池的基本造型，如图3-97所示。

（2）根据铅笔底稿绘制出广场树池的基本轮廓，并刻画出主景乔木的整体造型，如图3-98所示。

（3）围绕主景乔木，增添广场周围的乔灌木，丰富画面内容，如图3-99所示。

（4）初步塑造画面的明暗关系，绘制乔灌木的投影，如图3-100所示。

（5）调整画面，局部刻画乔灌木，并进一步绘制地面铺装分割线，如图3-101所示。

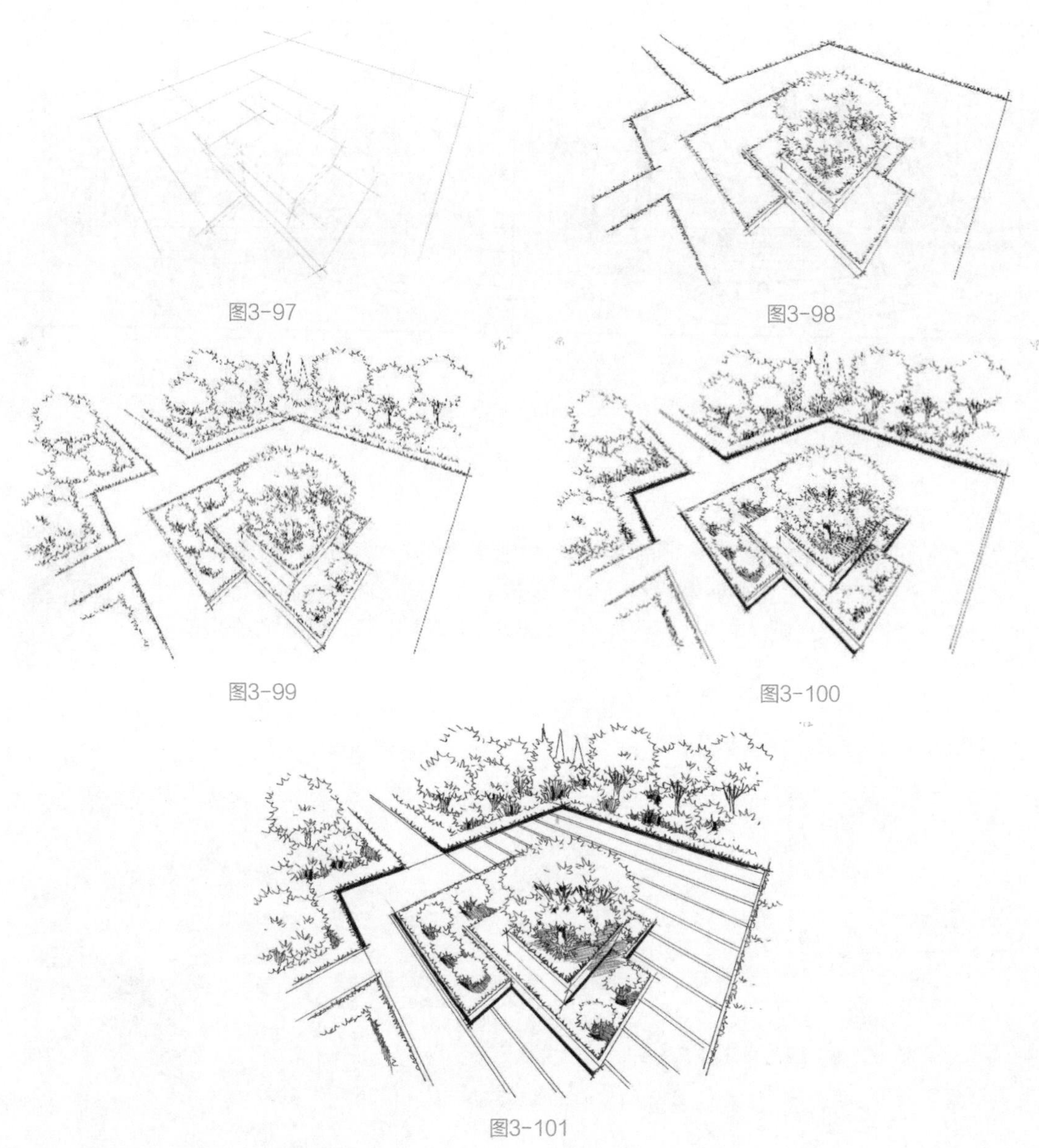

图3-97

图3-98

图3-99

图3-100

图3-101

3. 三点透视构图的注意事项

进行三点透视构图时需要注意消失点的合理安排，当3个消失点都在画面中时，变线倾斜度会变大，手绘表现会更加困难，此时可以借助尺规作图，如图3-102所示。这种构图适合表现大场景，常用于绘制城市规划图、建筑景观全局图，以及高楼的仰视图和俯视图等。

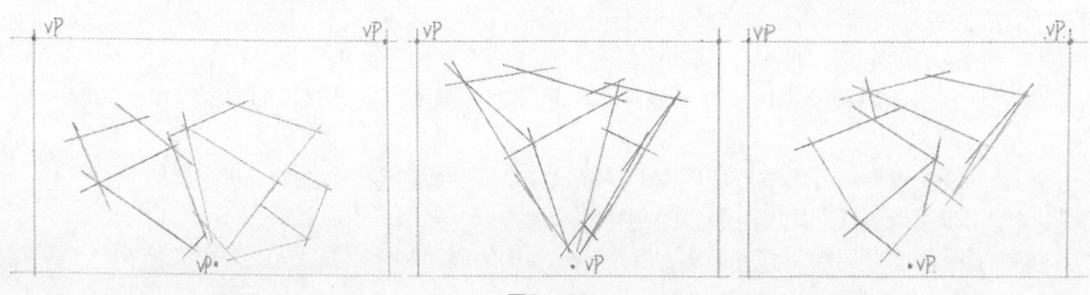

图3-102

当在画面中能找到两个消失点时，相对3个消失点都在画面中的情况而言，视点离主体景物更近，如图3-103所示。这类场景对主体景物的表现会更细致。

消失点都在画面以外是绘画过程中最常见的一类情况，这样往往能更好地体现出局部的魅力，但缺乏对空间延展性的宏观体现，如图3-104所示。

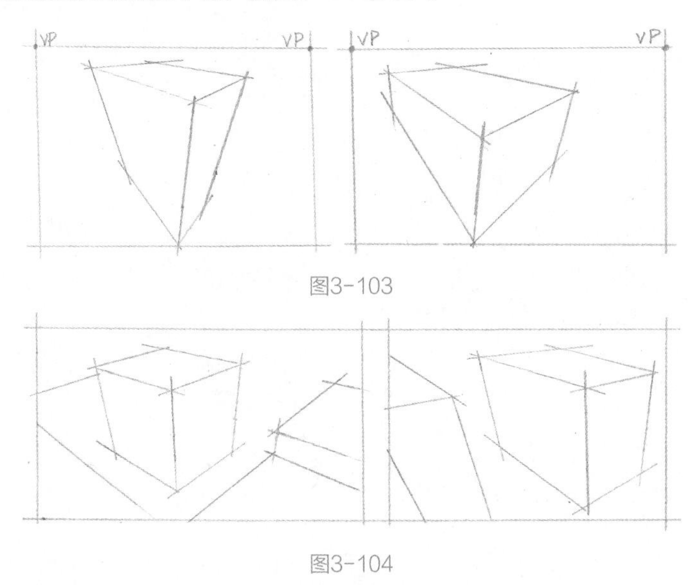

图3-103

图3-104

3.3.5 训练根据平面图绘制透视图的能力

这部分内容主要用于训练我们根据平面图绘制透视图的能力，即通过快速表现的方式勾画透视空间。在训练过程中，我们可选择节点景观平面图作为示例，这种图相对简单且便于表现，如图3-105所示。为了更好地表现透视效果，我们选取了两个视点作为透视图的转换依据。平面图转透视图的表现方式在方案设计过程中非常常见，根据平面图快速推敲透视空间是设计师空间感知能力的一种体现。

当然，我们也可以完全按照透视的理论和规律进行绘画，然而，完全遵循透视的理论和规律进行绘画，不利于透视空间的快速表现，只有在时间充裕的情况下才可以尝试。

因此，在本书中，我们采用常规的绘制方法：先找到消失点，然后根据消失点进行透视空间的推敲与绘画。这样会使画面更具有灵活性，在同一个视点也可以通过不同的景物比例、遮挡、植物的高低等绘制不同的空间透视图。

图3-105

视点1案例表现

（1）定好消失点，将主要的纵向透视线绘制出来，并绘制出画面中心的乔木作为参照物，如图3-106所示。

（2）根据中心乔木，整体绘制出画面中乔灌木的基本造型，如图3-107所示。

（3）细化地面铺装，并绘制出跌水、喷泉及倒影，通过排线丰富乔灌木的层次，如图3-108所示。

（4）运用黑色马克笔，整体调整画面的明暗对比，突出画面的主体景观，如图3-109所示。

训练根据平面图绘制透视图的能力——视点1

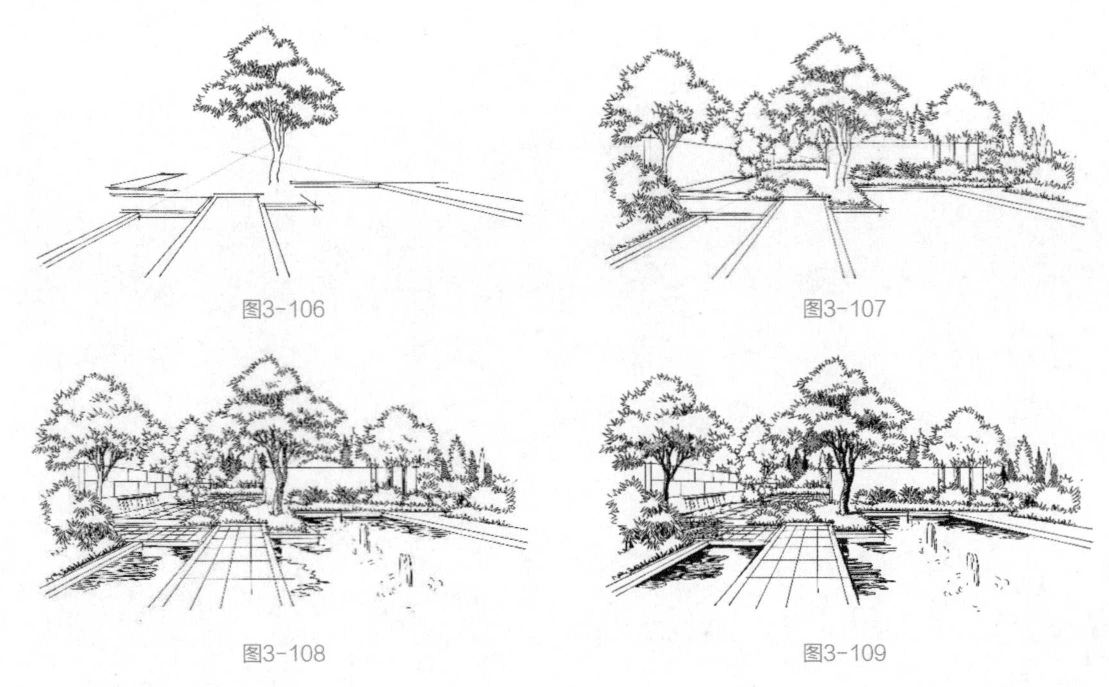

图3-106 图3-107

图3-108 图3-109

视点2案例表现

（1）用铅笔打底稿，确定视平线和消失点，合理布局整体画面空间，如图3-110所示。

训练根据平面图绘制透视图的能力——视点2

（2）塑造出视觉中心处的水景墙及部分乔灌木，并根据消失点绘制出主要的纵向透视线，如图3-111所示。

（3）细化地面铺装，并绘制出跌水、喷泉和背景中的乔灌木，进一步表现乔灌木的明暗对比关系，如图3-112所示。

（4）整体调整画面，加强对水景墙和水面倒影的表现，突出主体景观，如图3-113所示。

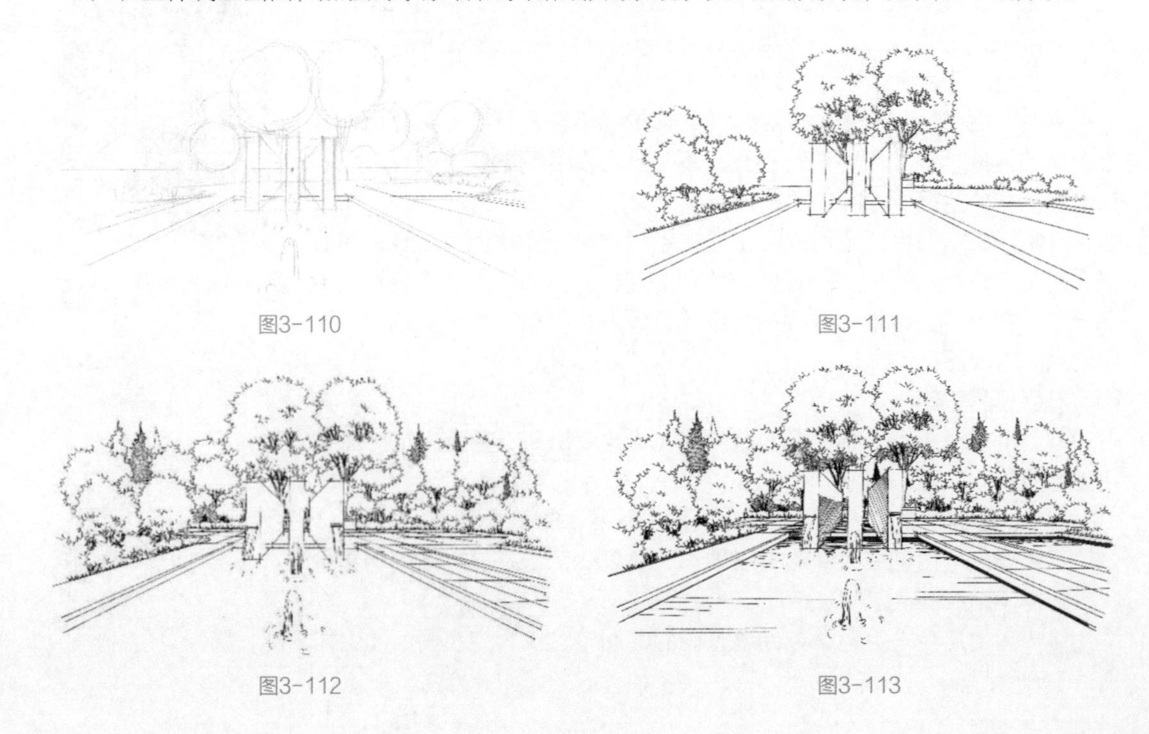

图3-110 图3-111

图3-112 图3-113

3.4 本章小结

本章主要介绍了3个板块的内容。首先，介绍了各种构图方式，使绘画者能够掌握构图的基本原理和规律。其次，介绍了框景。再次，详细讲解了一点透视、两点透视和三点透视的理论和案例，以及相关构图的注意事项。最后，通过平面图与透视图的转化训练，帮助绘画者深入掌握构图与透视的基本理论和实践技巧，为后续绘制高质量的景观设计手绘效果图奠定坚实基础。

3.5 课后实战练习

1. 临摹经典作品

对透视和构图有了充分理解之后，选择适当的作品进行临摹对于提升绘画技能和增强自信心都非常重要。在选择临摹作品时，可参考以下3点建议。

（1）激发兴趣。尽量选择那些风格、透视空间和设计元素能激发你兴趣的作品，这样可以让你在临摹过程中感到更加愉快，同时也能增强你临摹的动力。

（2）难度匹配。在选择临摹作品时，需要注意作品的透视空间表现难度是否与自己的水平相匹配。如果难度太高，你可能会受挫并难以完成；如果太简单，作品可能无法提供足够的挑战来提升你的技能。

（3）关注细节。当你被一幅作品打动时，你可以思考一下吸引你的地方是线条、创意设计元素，还是空间层次与植物搭配等。通过分析和理解这些细节，你可以更好地掌握它们并将其应用到自己的作品中。

以下6幅作品比较简单，适合基础薄弱的绘画者进行临摹。通过临摹这些作品，你可以锻炼自己的控笔能力、构图能力、透视能力以及造型能力。

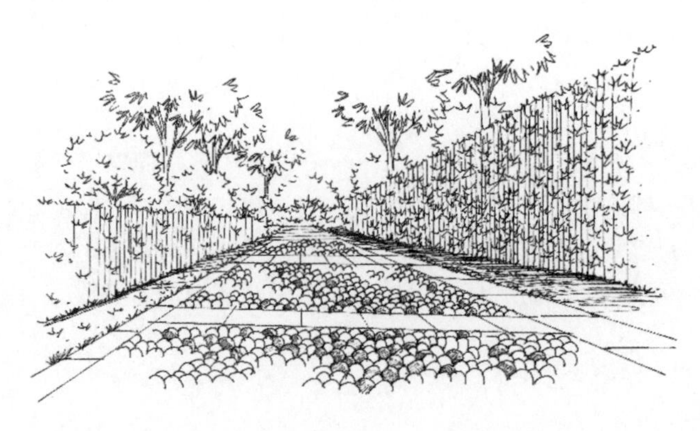

对于中等水平的绘画者，选择临摹作品时需要有更高的标准，以下是一些建议。

（1）重视透视和形态塑造：临摹作品应该具备相对准确的透视关系和良好的形态塑造效果，这样的作品可以帮助你掌握透视关系处理和形态塑造技巧，并进一步加深你对空间感和立体感的理解。

（2）耐心细心研究：在临摹过程中需要具备一定的耐心，仔细研究作品的各个元素和细节，以及作品的构图、透视、光影等，这可以帮助你更好地掌握绘画技巧并提高自己的绘画水平。

（3）确保难度适中：选择临摹作品时，需要确保其难度适中，既不过于简单，也不过于复杂，这样可以让你在巩固基础的同时获得足够的挑战，帮助你逐步提高自己的绘画技能。

以下6幅作品适合中等水平的绘画者临摹。通过临摹这些作品，你可以锻炼自己的透视关系处理和形态塑造能力，提高细心程度，为后续的进阶学习打下坚实的基础。

对于具备一定设计基础的设计师来说，简单的作品临摹训练在提升观察与构图能力方面的作用有限，难以对其自身创作和设计水平的提升产生实质性的帮助。对于此类设计师，以下6幅作品值得借鉴。这些作品的绘制需要设计师精心处理画面的各个元素，考验设计师的精细处理能力和耐心程度，以及对画面前后元素的细致描绘和对主次元素的辨识能力。

2. 尝试照片写生

当我们掌握透视规律和构图技巧后，写生和创作就变得尤为重要，其中写生是创作的基础。写生和临摹是存在区别的。临摹过程中，我们往往以复制的方式进行绘画，追求临摹结果与临摹对象完全一致，这可能导致我们缺乏主动思考。因此，我们需要明确临摹的目的——学习别人使用的线条、构造的透视空间、融入的设计元素等，而学习的最终目的是运用。

许多绘画者临摹作品的效果很棒，但他们一旦面对写生就会感到困惑，与临摹作品时相比判若两人。这是因为写生需要我们主动处理场景、取舍景物以及塑造画面空间。这需要手与脑的结合，更多地依赖我们的主观意识。

照片写生和场景写生可以训练我们在没有参考的情况下处理场景、取舍景物和塑造画面空间的能力。在开始时，我们可以选择一些简单的照片和场景进行尝试，例如以下4张实景照片就适用于训练我们的透视和构图能力。

最后强调一点：在写生过程中，不要害怕出错。如果画错了一条线，许多绘画者的第一反应是换纸重新画。这种做法是不正确的，我们应该坚持画下去，完成整幅画作。这样，你会收获不一样的经验。

第4章 色彩与表现

本章概述

本章主要阐述色彩的基本知识和上色表现技法。色彩的基本知识部分主要介绍了色彩的形成、色彩的类型、色彩的属性、色彩的调和及色彩的冷暖等理论知识。上色表现技法部分主要介绍了马克笔的表现技法、彩铅与色粉的使用技巧以及彩铅与马克笔的综合上色训练等内容。

4.1 色彩的基本知识

4.1.1 色彩概述

1. 色彩的概念

色彩是我们通过眼、脑和自身的生活经验所形成的一种对光的感知，是一种视觉效应。我们对色彩的感受不仅受光的物理性质的影响，还会受到周围色彩的影响。有时我们也将物质产生不同颜色的物理特性直接称为颜色。

以水面色彩的变化为例，我们对色彩的感受会受到周围环境的影响，如自然水景中，当水面开阔时，山体、植物及天空等都会对水面色彩有所影响。其中，水面色彩受天空影响最大，因此往往偏蓝（见图4-1）。深秋时水杉的橙色会让水面色彩整体偏暖（见图4-2）。当受到绿色植物的影响较大时，水面色彩会偏绿（见图4-3）。

图4-1

图4-2

图4-3

2. 色彩的形成

经验证明，我们对色彩的认识与应用是通过发现色彩差异并寻找色彩差异间的内在联系来实现的。我们由基本的视觉经验得出了一个朴素且重要的结论：没有光就没有色。我们白天能看到五颜六色的物体，但在漆黑无光的夜晚就什么也看不见了。

色彩是以色光为主体的客观存在，对于人则是一种视像感觉，这种感觉的产生基于3种因素：一是光，二是物体对光的反射，三是人的视觉器官——眼。不同波长的可见光投射到物体上时，有一部分波长的光被吸收，一部分波长的光被反射后刺激人的眼睛，色彩信息经过视神经传递到大脑，使大脑形成色彩感觉。

光、眼、物三者之间的关系（见图4-4），构成了色彩研究和色彩学的基本内容，这些基本内容则是色彩实践的理论基础与依据。

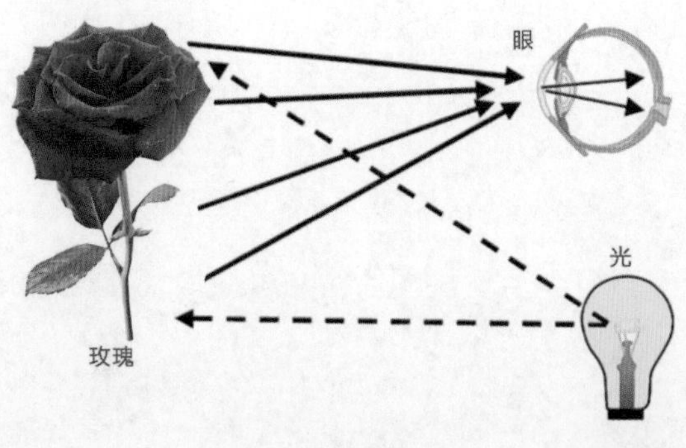

图4-4

4.1.2 色彩的3种类型

1. 光源色

光源色是光源照射到白色、光滑的不透明物体上所呈现出的色彩。除阳光的光谱色是连续不间断（平衡）的外，日常生活中的光很难有完整的光谱色。光源色反映的是光谱色中所缺少色彩的补色。

自然界中的白色光（如阳光）是由不同波长的色光组成的。人们看到红花，是因为其他颜色的光线被物体吸收，而红色的光线被反射到人们眼睛里。同样的道理，蓝色以外的光线被物体吸收，则物体表现为蓝色；绿色以外的光线被吸收，则物体表现为绿色。

在早晨（见图4-5）或傍晚（见图4-6）的时候，太阳高度角为一天中的最小值，阳光到达观测点时是斜射入的，此时在大气层中穿过的距离为一天中的最大值。大气层对阳光具有削弱作用，主要方式是反射、散射和折射，这使得阳光暗淡了许多。早晨和傍晚的大气层最厚，对蓝紫光的散射也最强，而波长较长的红橙光穿透力最强，所以此时的阳光不但较弱，而且多呈红、橙、黄色。

在中午时（见图4-7），太阳高度角为一天中的最大值，阳光到达地表所经过的距离最短，大气层的削弱作用也最弱，所以此时阳光最强，蓝紫光也能更好地穿透大气层，因而天空看上去是蓝色的。

图4-5

图4-6

图4-7

2. 固有色

一般情况下，我们将物体在阳光下呈现出来的色彩效果称为固有色。严格来说，固有色是指物体在常态光源下所呈现出的色彩。

由于固有色在一个物体的表面占据的面积最大，因此对它的研究具有重要意义。通常来说，物体呈现固有色最明显的地方是受光面与背光面之间的部分，也就是素描中的灰部。因为这个部分受外部色彩的影响较少，它的变化主要是明度和色相本身的变化，色彩的饱和度也往往最高。例如，金黄色的银杏树（见图4-8）、常绿乔木雪松（见图4-9）和灌木紫叶小檗（见图4-10）这3种植物的固有色非常明显。

图4-8

图4-9

图4-10

3. 环境色

环境色是指阳光照射下的环境所呈现的色彩。物体表面的色彩是由光源色、环境色和固有色混合而成的。因此，在研究物体表面的色彩时，必须考虑环境色和光源色。

物体受到光照后，会吸收一部分光，同时也会将一部分光反射到周围物体上，尤其是表面光滑的物体具有较强的反射能力。另外，环境色在暗部较为明显。环境色的存在和变化增强了画面中色彩的呼应和联系，能够微妙地表现出物体的质感。因此，在绘画中，对环境色的运用和掌控十分重要。

物体的固有色会受到环境的影响而产生相应变化。例如，当镜面景观靠近建筑体时，就会受到建筑体固有色的影响，如图4-11所示。同样，镜面水景靠近植物时，其局部会呈现出植物的色彩和造型，如图4-12所示。大面积的水景受到周围环境的影响时，其色彩会更加丰富，如图4-13所示。

图4-11

图4-12

图4-13

4.1.3 色彩的3种属性

1. 色相

色相是色彩的主要特征，除了黑白灰之外，任何颜色都具有色相。色相是由原色、间色和复色构成的，是色彩的基本面貌。

色相也是一种用于区分基本颜色的测量术语，如红、橙、黄、绿、蓝、紫等，如图4-14所示。

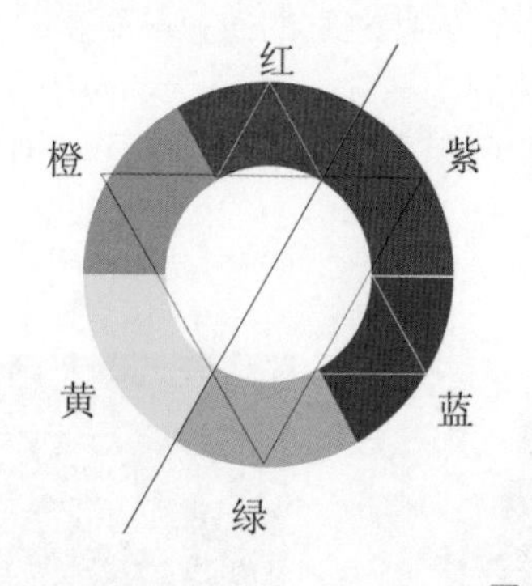

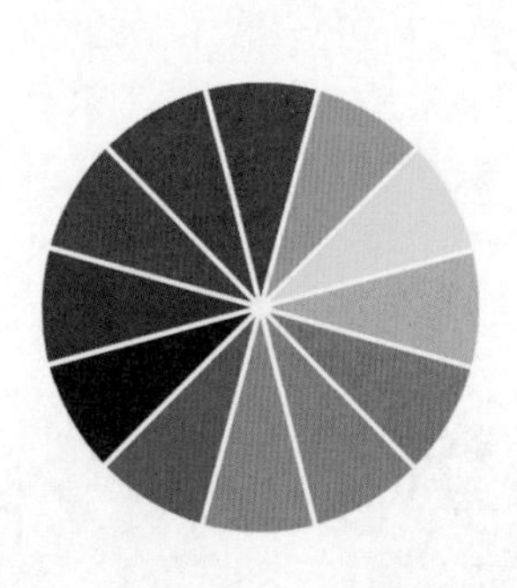
图4-14

2. 明度

明度是眼睛感受到的光源和物体表面的明暗程度，主要由光线强弱决定。它用于描述色彩的深浅和明暗，是色彩的基本属性之一。

在景观绘画过程中，通过对明度的调控，也就是对光线强弱的调整，可以有效改变画面的色彩效果，进而使画面呈现出丰富的明暗层次。如图4-15所示的水景别墅手绘效果图便是一个典型案例，它清晰地展示了通过调整光线的强弱来影响画面色彩的明度变化。

图4-15

3. 纯度

纯度通常是指色彩的鲜艳程度。从科学角度来看，一种颜色的鲜艳程度取决于其发射光的单一程度。人眼能感知的具有单色光特征的色彩，都具有一定的纯度。不同的色彩不仅明度不同，纯度也不相同。

在景观绘画中，通常主体的色彩纯度要高一些，而背景物体的色彩纯度较低。这样可以更好地体现画面的整体空间感。任何一种纯度高的颜色，在加入白色或黑色后，纯度都会降低，如图4-16所示。

图4-16

4.1.4 色彩的调和

1. 原色

原色是指不能通过其他颜色调和得到的颜色，也称为基本色。颜料三原色是红色、黄色和蓝色（见图4-17），光学三原色是红色、绿色和蓝色（见图4-18）。

图4-17

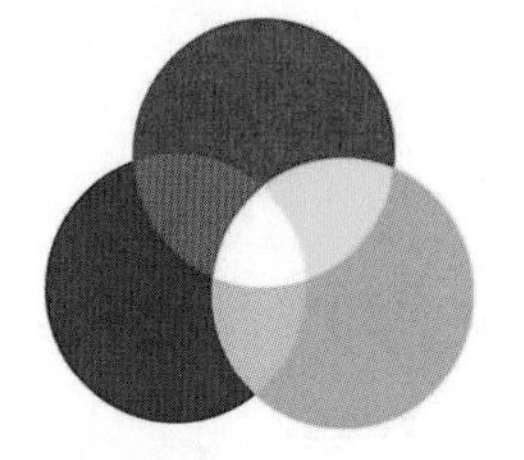

图4-18

光学中的原色分为叠加型三原色和削减型三原色两种。

叠加型三原色：一般来说，光源投射时的色彩属于叠加型原色系统，包含红色、绿色、蓝色3种原色。这3种原色中的任意两种混合可以产生其他颜色，例如红色与绿色混合产生黄色，绿色与蓝色混合产生青色，蓝色与红色混合产生品红色。当这3种原色等比例混合时，一般产生白色；若将此3种原色的饱和度均调至最高并将它们等量混合，则呈现白色，如图4-19所示。这套原色系统常被称为“RGB色彩空间”，即由红（R）、绿（G）、蓝（B）组成的色彩系统。

削减型三原色：一般来说，反射光源或颜料着色时所使用的色彩属于削减型原色系统，包含黄色、青色、品红色3种原色，是另一套三原色系统。这3种原色混合可以产生其他颜色，例如黄色与青色混合产生绿色，黄色与品红色混合产生红色，品红色与青色混合产生蓝色。当这3种原色等比例混合时，产生黑色；若将此3种原色的饱和度均调至最高并将它们等量混合，理论上呈现黑色，但实际上呈现的是浊褐色，如图4-20所示。正因如此，在印刷领域，人们采用了第四种“原色”——黑色，以弥补削减型三原色的不足。这套原色系统常被称为“CMYK色彩空间”，即由青色（C）、品红色（M）、黄色（Y）及黑色（K）组成的色彩系统。在削减型三原色中，在某色彩中加入白色并不会改变其色相，仅会降低该色的饱和度。

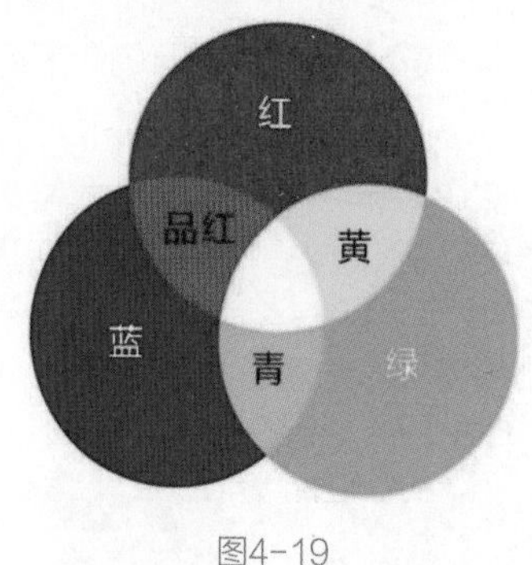

图4-19

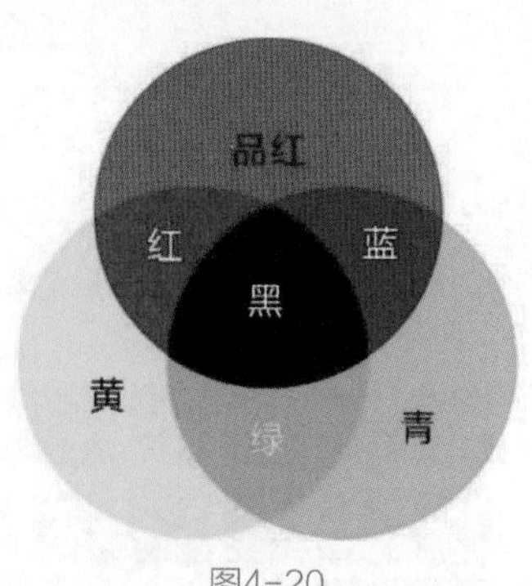

图4-20

2. 间色

间色又称二次色，是指在指定的色彩空间内，由两种原色混合而成的颜色。

（1）叠加型色彩（RGB），如图4-21所示。

红色+绿色=黄色

绿色+蓝色=青色

蓝色+红色=品红色

（2）削减型色彩（CMYK），如图4-22所示。

青色+品红色=蓝色

品红色+黄色=红色

黄色+青色=绿色

（3）传统绘画法则（RYB），如图4-23所示。

红色+黄色=橙色

黄色+蓝色=绿色

蓝色+红色=紫罗兰色

图4-21

图4-22

图4-23

3. 复色

用任意两种间色或3种原色混合得到的颜色称为复色，复色也叫作三次色，如图4-24所示。

原色、间色和复色这3类颜色（见图4-25）有一个明显的特点，那就是在饱和度上呈现递减趋势。也就是说，通常情况下，原色的饱和度最高，间色的饱和度次之，复色的饱和度最低。

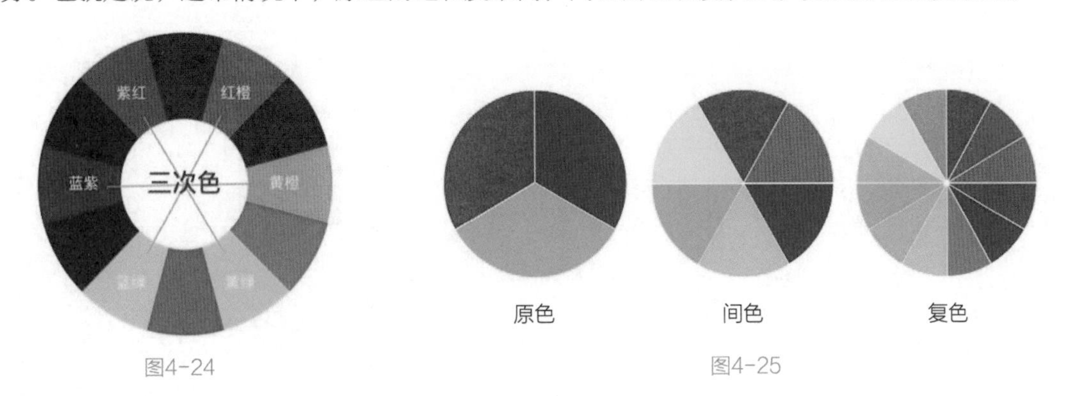

图4-24

图4-25

4.1.5 色彩的冷暖

1. 色彩的冷暖对比

色彩本身并无冷暖之分，我们对色彩的冷暖感受是基于我们的生理、心理和生活经验而来的，是一种对色彩的感性认识。通常，光源直接照射的物体的主要受光面相对较明亮，呈现出暖色，相对而言，没有受光的暗面则呈现出冷色。

对色彩的感受还取决于人们经长期实践而产生的认知。如熊熊燃烧的篝火一般显示为红色和黄色，因此，看到这两种颜色人们容易产生温暖的感觉；而冰冷的海水通常呈现为深蓝色，这种颜色则容易让人们感觉到寒冷。

色彩的冷暖是相对的，太阳的照度在一天的不同时刻是不同的。清晨的阳光通常偏冷色调，而午后和日落前的阳光则偏暖色调。

以傍晚为例，我们选择3张照片进行分析。首先是一张傍晚的城市鸟瞰照片，整片天空被晚霞所笼罩，色彩偏暖（见图4-26）。接下来是一张傍晚的海边照片，虽然还有夕阳的余晖，但暖色面积较小，同时海水和植物呈现为深色调，因此画面色彩相对偏冷（见图4-27）。最后是一张以蓝色天空和海面为主体的照片，此时夕阳即将落下，相比前两张照片，这张照片的色彩更加偏冷（见图4-28）。

图4-26

图4-27

图4-28

总之，冷色通常表现为绿色、青色、蓝色、紫色这4种颜色，给人清新和宁静的感觉，如图4-29所示。而暖色通常表现为红色、橙色、黄色、棕色这4种颜色，给人温暖、舒适和充满力量的感觉，如图4-30所示。

图4-29　　图4-30

2. 色彩心理学

色彩在人们长期的社交和欣赏等活动方面一直起着客观上的刺激和象征作用，在主观上又是一种心理反应行为，因此色彩心理学应运而生。

一些简单的例子可以更直接地展示色彩具有的种种含义。

绿色：象征自由、朴实、舒适、和平、新鲜、活力、安全、快乐等。

红色：象征自信、权威、性感、热情、危险等。

黄色：象征警告、信心、希望等。

蓝色：象征保守、稳重等。

黑色：象征权威、低调、正式、高雅、冷漠等。

白色：象征纯洁、神圣、善良、开放等。

灰色：象征中庸、稳重、诚恳等。

当然，色彩具有的含义并不只有这些，在不同的条件下，同样的色彩也会表达不同的含义，所以我们不仅要了解，更要学会准确使用色彩。

4.2 马克笔基础表现技法

4.2.1 马克笔概述

1. 马克笔的概念

马克笔是一种绘图彩色笔，通常附有笔盖，有宽窄笔头之分，如图4-31所示。马克笔由于墨水具有易挥发性，被广泛应用于一次性的快速绘图，也常被用于绘制景观设计效果图（见图4-32）、室内设计效果图、建筑设计效果图、广告标语、海报等。

图4-31

图4-32

2. 马克笔的种类

马克笔有多种类型，包括油性马克笔、水性马克笔和丙烯马克笔等。

油性马克笔（见图4-33）的墨水不能溶于水，但能溶于酒精。当油性马克笔的墨水几乎用尽时，可以用注射器吸取少量酒精注入油性马克笔中，其就可以继续使用了。但由于酒精的稀释作用，油性马克笔的色彩会变淡。此外，油性马克笔色彩柔和，墨水挥发快、渗透力较强，因此适合用来在硫酸纸上绘制景观、建筑效果图和室内透视图，在塑料上画的内容不容易被擦掉。油性马克笔的缺点是色彩饱和度较低，且墨水干燥后色彩会变淡。

水性马克笔（见图4-34）的墨水比较清透，墨水几乎用尽后，加水就可以继续使用，因此水性马克笔更加经济实惠。水性马克笔色彩鲜艳、笔触清晰，墨水干燥后不易变色，色彩稳定性很强。通常，水性马克笔用于在紧密的卡纸或铜版纸上作画，特别适合用来绘制人物，在塑料上画的内容很容易被擦掉。水性马克笔的缺点是不能叠加上色，叠加使用多种颜色时，画面可能会显得很脏。

丙烯马克笔（见图4-35）的最大优势是覆盖性很强，其常常被用于后期修改画面效果。

总之，马克笔类型多样，绘画者在创作时，应根据自身需求选择合适的工具。

图4-33

图4-34

图4-35

3. 马克笔的笔头形态和笔触特点

在学习上色前，了解马克笔的笔头形态（见图4-36）很重要，这有助于更好地使用马克笔。

常见的马克笔笔头形态有4种。

斜头型：在景观建筑绘画中能表现出线条的灵活性和多样性，适用于自然景观、建筑效果图和室内透视图的细节绘制。

细长型：在景观建筑绘画中能表现出线条的流畅性和细腻感，适用于建筑效果图和室内透视图的细节绘制。

平头型：在室内透视图的绘制中能表现出线条的清晰度和明亮度，适用于建筑效果图和室内透视图的细节绘制。

圆头型：在景观建筑绘画中能表现出线条的柔和感和流畅性，适用于自然景观、建筑效果图和室内透视图的细节绘制。

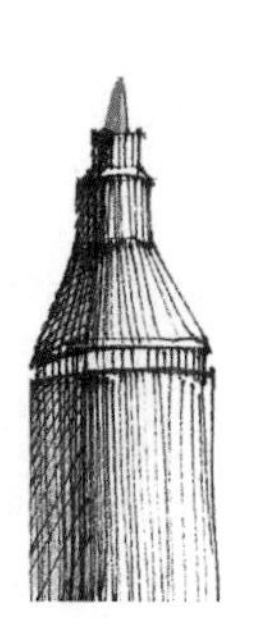
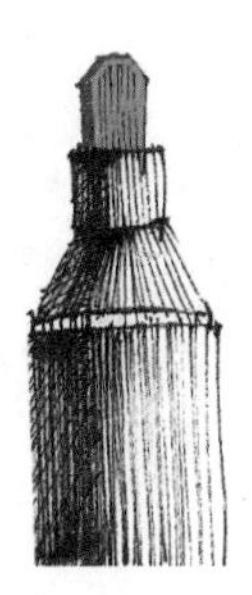
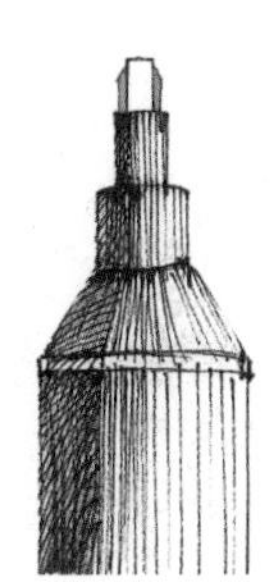

图4-36

马克笔的笔触特点可从笔头的粗细、运笔的力度及运笔的角度3个方面分析得到。在绘画过程中，根据不同需求，可以采用以下6种方式。

宽头平铺：宽头平铺主要用于大面积润色，使色彩更加均匀自然，如图4-37所示。

宽头线：宽头线清晰工整，边缘明显，能很好地表现线条的形状和质感，如图4-38所示。

细笔头：细笔头可以用来表现细节，画出很细的线条，如图4-39所示。

侧峰：侧峰可以画出纤细的线条，如图4-40所示。

稍加提笔：稍加提笔可以让线条变细，可以更好地表现细节，如图4-41所示。

提笔稍高：提笔稍高可以让线条变得更细，可以更好地表现细节，如图4-42所示。

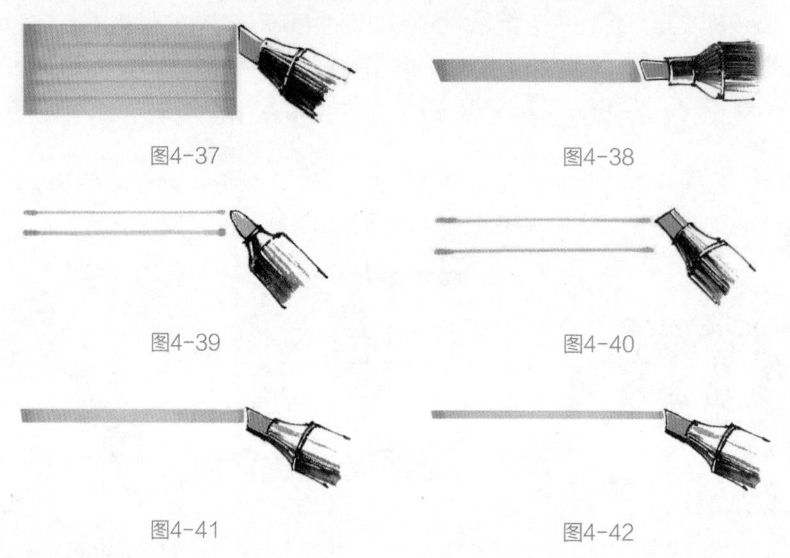

图4-37　图4-38

图4-39　图4-40

图4-41　图4-42

4.2.2 单行摆笔（平移）

1. 单行摆笔的概念

单行摆笔是常用的一种马克笔绘制技法，通常只对线条进行简单的平行或垂直排列（见图4-43）。当画幅较大且需要进行较长距离的单行摆笔时，可以借助尺规进行精确的绘制。然而，对于初学者而言，建议在具备一定的基础和较好的控笔能力之后，再使用尺规进行绘制，这样可以更好地发挥手绘的特点和优势。

图4-43

2. 单行摆笔的特点

单行摆笔线条的交界线比较明显，绘制时讲究快速、准确和稳定（见图4-44）。由于进行较长距离的单行摆笔对控笔能力的要求较高，因此初学者需要在具备一定的基础之后逐步尝试，不断提高绘制的精确度和自信心。我们通过不断地练习，可以逐渐培养出一种独特的徒手绘制线条的风格。

图4-44

3. 单行摆笔的训练

用马克笔绘制横向与竖向排列的线条，可以形成块面完整、整体感强的画面，这种训练方式主要旨在培养初学者的控笔能力，如图4-45所示。我们通过这种训练方式，可以逐渐掌握马克笔的基本使用技巧，提高绘制的准确性和稳定性，从而更好地表达自己的创意和想法。

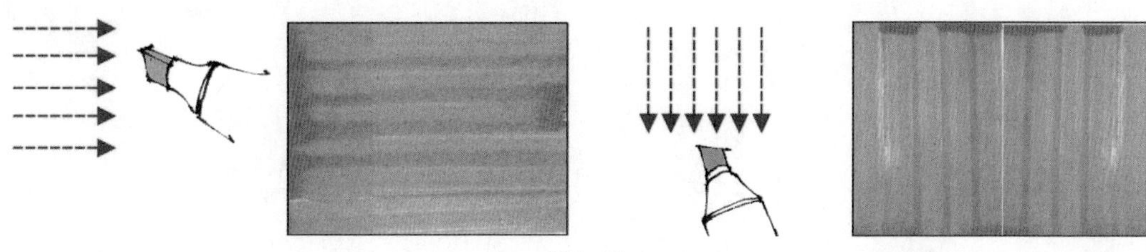

图4-45

用马克笔横向与竖向排线时可以营造渐变效果，如图4-46所示，使画面呈现出虚实变化，变得更加生动、透气。同时，这种排线方式也是对不同角度运笔能力的训练。我们通过练习渐变排线，可以逐渐掌握不同角度和方向的运笔技巧，提高绘制的多样性和灵活性，从而更好地表现画面的细节。

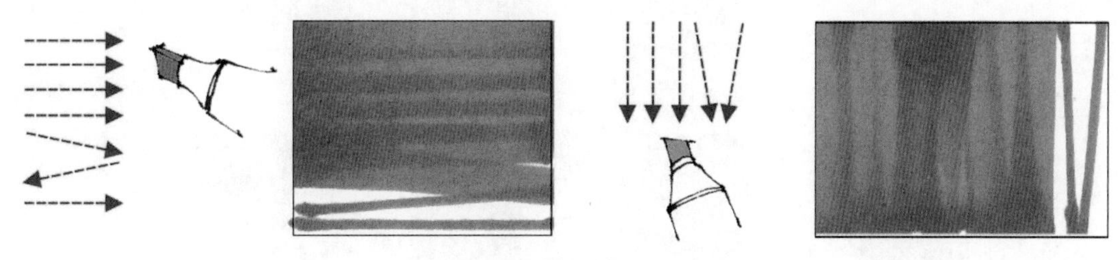

图4-46

单行摆笔是通过笔触渐变的排线，利用马克笔宽头整齐排列线条，过渡时利用宽头侧峰或者细头画细线。运笔时要一气呵成，这样块面整体感强，如图4-47所示。

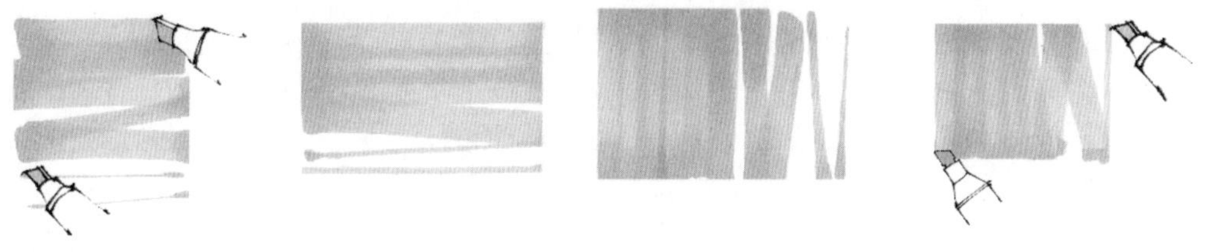

图4-47

4.2.3 叠加摆笔

1. 叠加摆笔的概念

叠加摆笔是指通过不同深浅色调的笔触叠加产生丰富的画面色彩，且笔触过渡清晰。为了体现明显的对比效果，表现丰富的笔触，我们常对色彩进行叠加，叠加色彩时，同类色运用得较多，如图4-48所示。

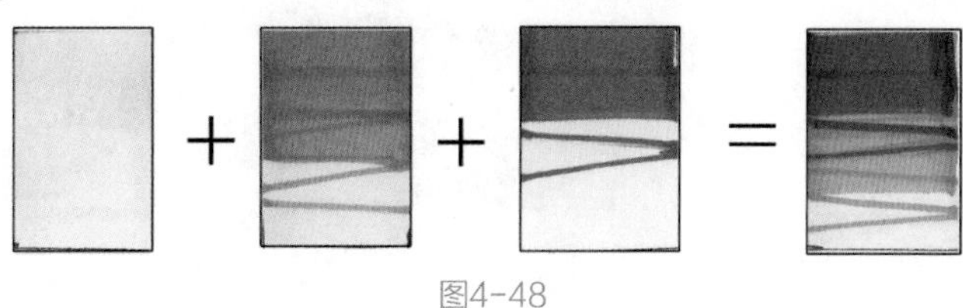

图4-48

2. 叠加摆笔的特点

（1）同类色叠加：叠加时要注意遵循从浅到深的顺序，每一次叠加的色彩面积应该逐渐减小，不能完全覆盖上一层色调，如图4-49所示；若从深到浅叠加，会导致画面显得脏，如图4-50所示。

（2）异类色叠加：先涂浅色后叠加深色，以防止色彩变脏与油腻，叠加次数一般不要超过3次，如图4-51所示。

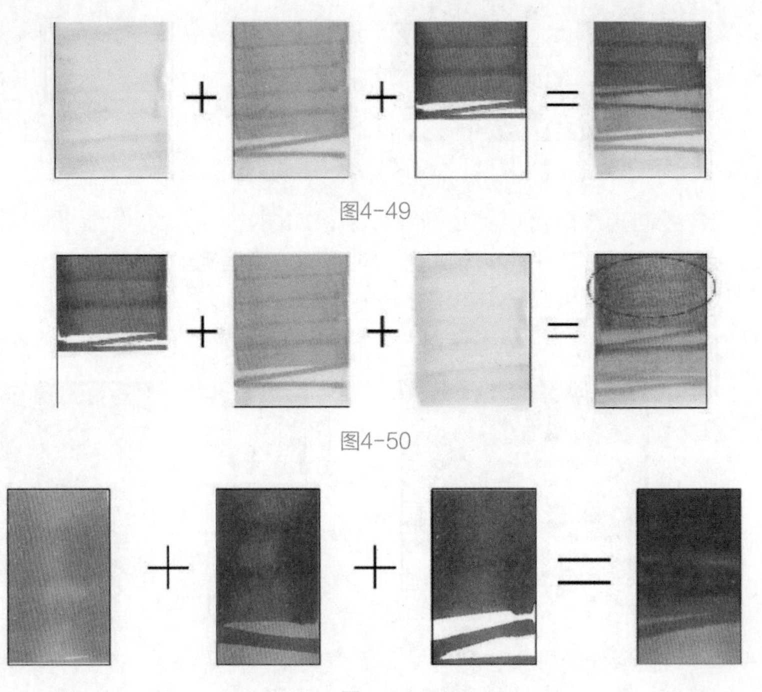

图4-49

图4-50

图4-51

3. 叠加摆笔的训练

我们可以利用长方体（见图4-52）、石头（见图4-53）、地面铺装（见图4-54）等作为叠加摆笔的训练对象。通过这种训练方式，我们可以更好地掌握不同材质和纹理的表现技巧，提高塑造画面的能力。同时，叠加摆笔可以更好地表现画面的光影和明暗变化，使画面更加生动、立体。

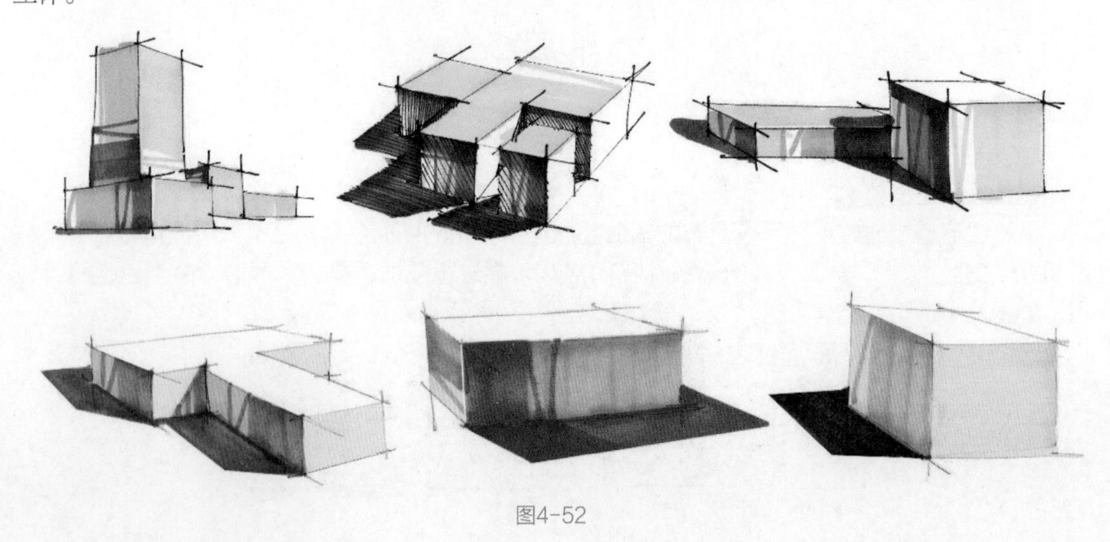

图4-52

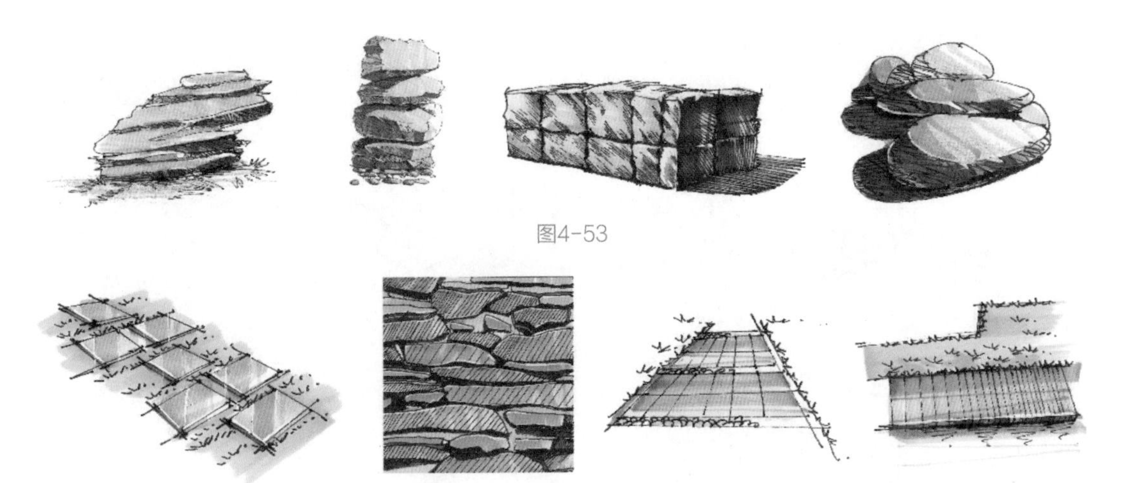

图4-53

图4-54

4.2.4 扫笔

1. 扫笔的概念

扫笔是一种高级技法，它可以一笔绘制出过渡和深浅变化效果（见图4-55）。在绘画过程中，扫笔经常用于表现暗部、画面边界的过渡等，是绘画中不可或缺的一部分。熟练掌握这种技法可以让画面更加自然、真实，增强画面的整体表现力和层次感。

图4-55

2. 扫笔的特点

扫笔具有以下3个主要特点。

（1）起笔时用力较大，收笔时笔尖悬空，不与纸面接触，形成垂直于纸面的效果，如图4-56所示。

（2）运笔速度较快，且运笔距离较长，如图4-57所示。

（3）常常被用于营造草地的过渡效果，能形成独特的笔触，如图4-58所示。

图4-56

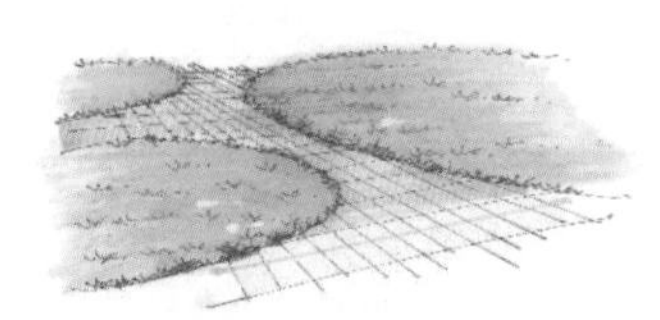

图4-57

图4-58

3. 扫笔的训练

扫笔的训练可以分不同的方向进行，一般采用横向和竖向训练（见图4-59），但也要加强斜向训练（见图4-60）。

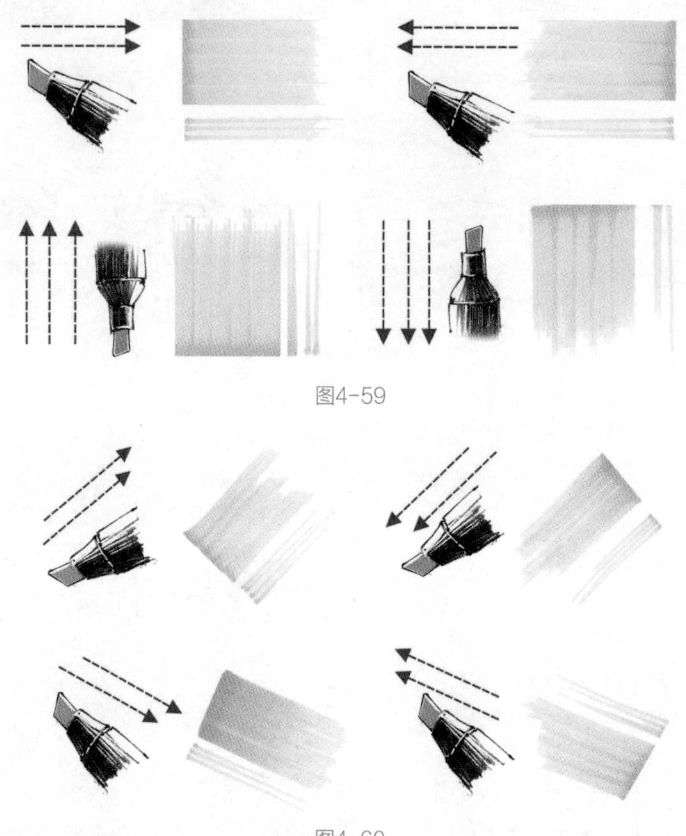

图4-59

图4-60

4.2.5 斜推

1. 斜推的概念

斜推是一种在透视绘制图中常见的技法。当两条线在透视图中相交时，它们会形成菱角斜推的笔触。这种笔触可以使画面中的元素更加整齐，避免出现锯齿状，如图4-61所示。

在透视图中，由于线条交叉形成的区域会随着视点的变化而变化，如果使用平移的笔触，很容易绘制出锯齿状，影响画面的整体效果。因此，斜推对于绘制透视图是必不可少的，可以帮助我们更好地表现透视效果，使画面更加自然、流畅。

图4-61

2. 斜推的特点

为了处理菱角的边缘，并使画面中的元素更加整齐美观，我们需要了解斜推笔触的特点。斜推笔触应该与线稿的两侧边缘线保持平行，并从两侧向中间逐渐融合（见图4-62）。在绘制过程中，我们应该尽量贴着边缘线进行绘画，以确保笔触边缘不会出现锯齿状，从而影响画面整体的美观，如图4-63所示。

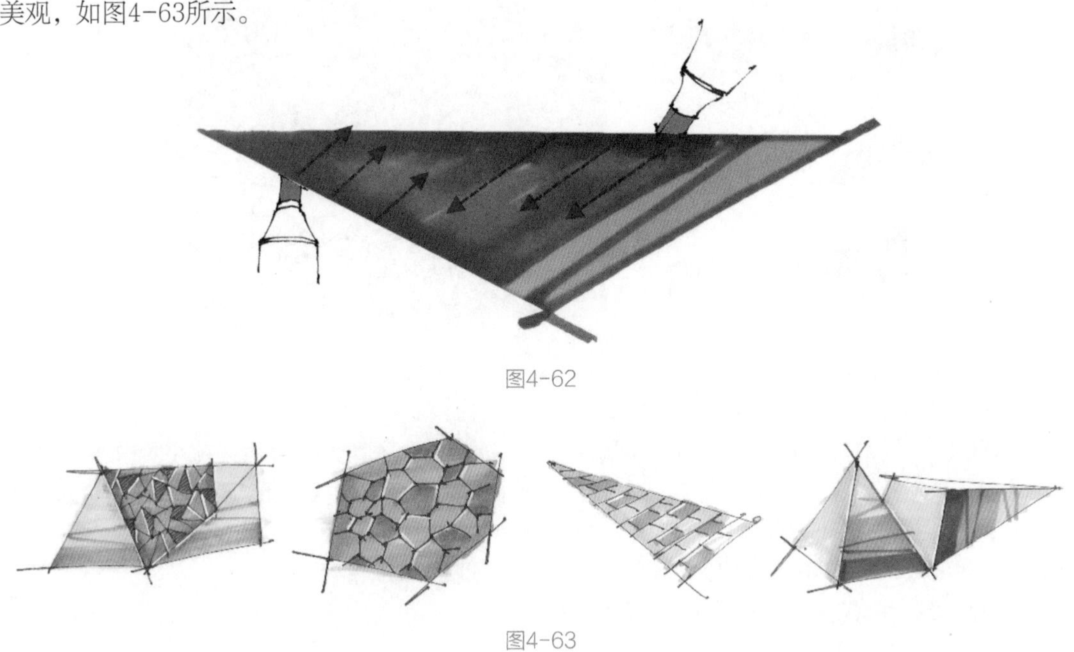

图4-62

图4-63

3. 斜推的训练

我们可以通过绘制一些不规则、多边角的形状进行斜推训练，如图4-64所示。通过这样的训练，我们可以提高控笔能力和对形体的整体把控能力，为后续效果图的绘制打下坚实基础。

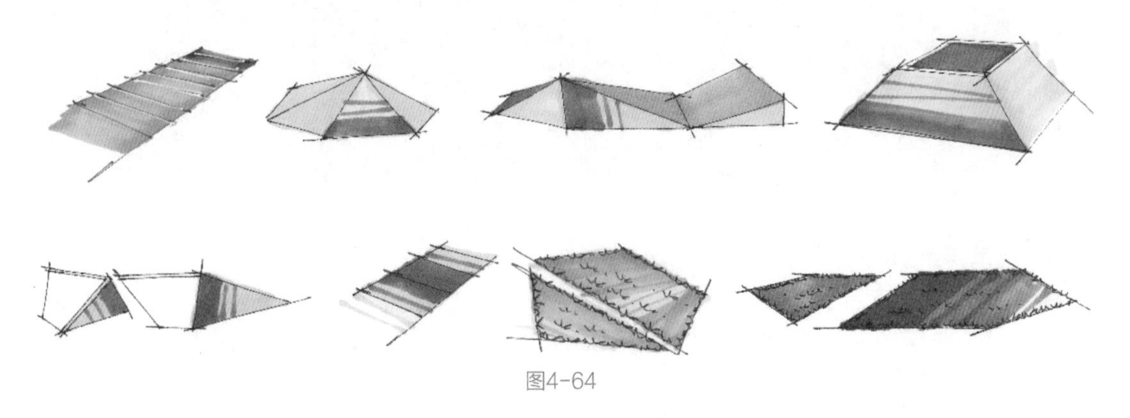

图4-64

4.2.6 揉笔带点

1. 揉笔带点的概念

揉笔带点是一种常用的绘画技巧，可用于绘制树冠、草地、云彩和地毯等。它注重呈现柔和、自然的过渡效果，能使画面更加真实。树冠、草地、云彩和地毯的灰暗部过渡都可以运用这种技巧表现（见图4-65）。

图4-65

2. 揉笔带点的特点

揉笔带点的特点主要有以下3个。

过渡自然：揉笔带点常用于树冠、草地、云彩等的绘制，画出的色彩柔和、过渡效果自然。

增强层次感：树冠、草地、云彩和地毯的灰暗部过渡都可以用揉笔带点表现，这可以增强画面的层次感。

丰富视觉效果：揉笔带点可以使画面更加丰富、细腻，优化视觉效果。

此外，揉笔带点还有笔触灵活、用笔可轻可重、笔触富有变化等特点，效果如图4-66所示。

图4-66

3. 揉笔带点的训练

揉笔带点广泛应用于树冠、草地和云彩的绘制。通过系统的上色训练，我们可以熟练掌握这种绘画技巧，如图4-67所示。在画面中运用揉笔带点的笔触时，要注意层次感和分布的合理性。不要全部覆盖浅色，以免产生凌乱不整洁的视觉效果。

图4-67

4.2.7 点笔

1. 点笔的概念

点笔是表现植物时常用的技巧之一。点笔笔触不以线条为主，而是以笔块为主，笔法随意灵活（见图4-68）。在运用点笔时，要注意整体关系，不要只关注局部细节。特别是初学者对边缘线和笔触疏密变化的控制不够熟练，容易导致画面凌乱，因此初学者在绘画过程中要有所控制，不能随意点笔。

图4-68

2. 点笔的特点

点笔笔触在乔灌木冠部的表现中应用广泛，具有自然的过渡效果。由于点笔的特点，它可以很好地融合多种颜色，为画面带来丰富的色调，如图4-69所示。

图4-69

3. 点笔的训练

点笔在表现地被、灌木及乔木等植物元素时运用得较多。我们通过一系列训练，可以熟练掌握点笔技法，从而在绘画中更加灵活自如地表现植物元素，使画面更加自然、丰富和生动，如图4-70所示。此外，点笔还可以用于表现其他自然元素，例如水流、雪花等，进而帮助我们创造出更加优美、灵动的设计作品。

图4-70

4.2.8 挑笔

1. 挑笔的概念

挑笔是一种使用马克笔的宽头侧峰和细头，从不同角度进行挑的运笔方式。从下往上挑（见图4-71）、从上往下挑等都可以展现出挑笔的独特魅力。这种运笔方式在地被植物和水生植物的表现中较为常见，如图4-72所示。挑笔技法可以更加生动地表现出植物的形态和质感，并增强画面的层次感和立体感。

图4-71

图4-72

2. 挑笔的特点

挑笔作为一种植物细节描绘技法（见图4-73），表现出以下3个显著的特点。

首先，挑笔所塑造的笔触细腻，特别适用于对小面积区域进行精心描绘。

其次，挑笔笔触可创造虚实变化效果。一般情况下，挑笔笔触展现出由实到虚的过渡，这种精妙的虚实关系为画面带来了更强的层次感和立体感。

图4-73

最后，挑笔也是刻画植物暗部的重要技法之一。它能够巧妙地突出明暗对比，增强画面的生动性和表现力。

3. 挑笔的训练

挑笔是一种适用于小面积绘制的植物细节描绘技法，因此地被植物和细长叶片植物的上色表现训练是掌握这种技法的最佳方式，如图4-74所示。

图4-74

4.3 马克笔体块训练

4.3.1 马克笔的体块与光影训练

1. 借助几何形体训练控笔能力

当我们深入理解色彩的基础理论知识后，接下去可以开始进行体积和光影训练了。对马克笔的训练应首先从锻炼控笔能力入手。在绘画过程中，设计师对画面不同区域上色的精细程度主要取决于他们的控笔能力。为了更有效地锻炼控笔能力，我们可以将简单的几何形状组合起来作为训练工具。通过描绘规则的长方体和正方体进行训练，我们可以更好地理解和表现这些基本几何形体的明暗关系（见图4-75）。一旦熟练掌握这些基础技能，我们就可以开始尝试绘制更复杂的几何形体，继续加强对明暗关系的掌控，如图4-76所示。

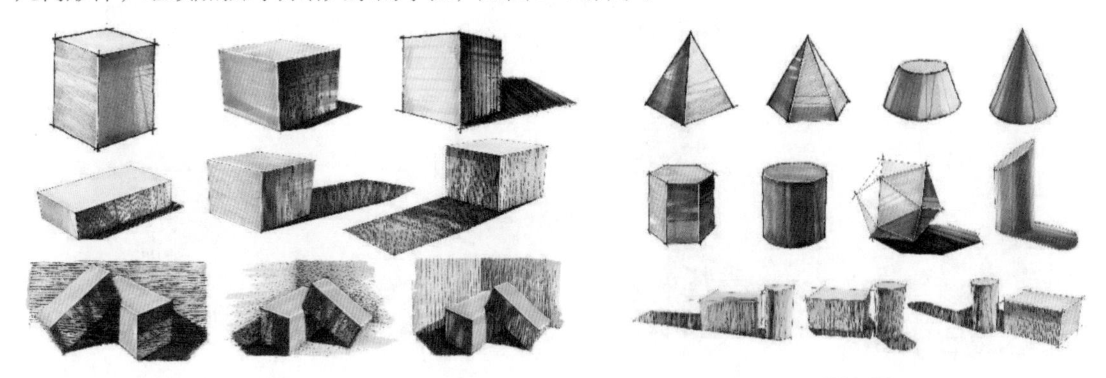

图4-75　　图4-76

2. 借助几何形体掌握光影关系

通过具有针对性的训练方法，我们可以更好地理解和掌握几何形体的光影关系。为了得到更好的训练效果，我们可以采用拼接、搭建和咬合等技巧，将几何形体组合成相对复杂的小场景和模块化结构，如图4-77所示。

图4-77

4.3.2 马克笔着色的渐变与过渡

1. 景观小品着色的渐变与过渡

景观小品是景观设计效果图的重要组成部分。对景观小品的色彩处理至关重要。以灯具（见图4-78）为例，我们通过着色的渐变与过渡手法，可以表现出更加真实且层次丰富的视觉效果。此外，我们还应加强对景墙、铝合金小品、地面铺装、门窗、隔扇等元素的着色渐变与过渡训练，从而为日后的景观设计表现打下坚实的基础，呈现出更加生动真实的视觉效果，如图4-79所示。

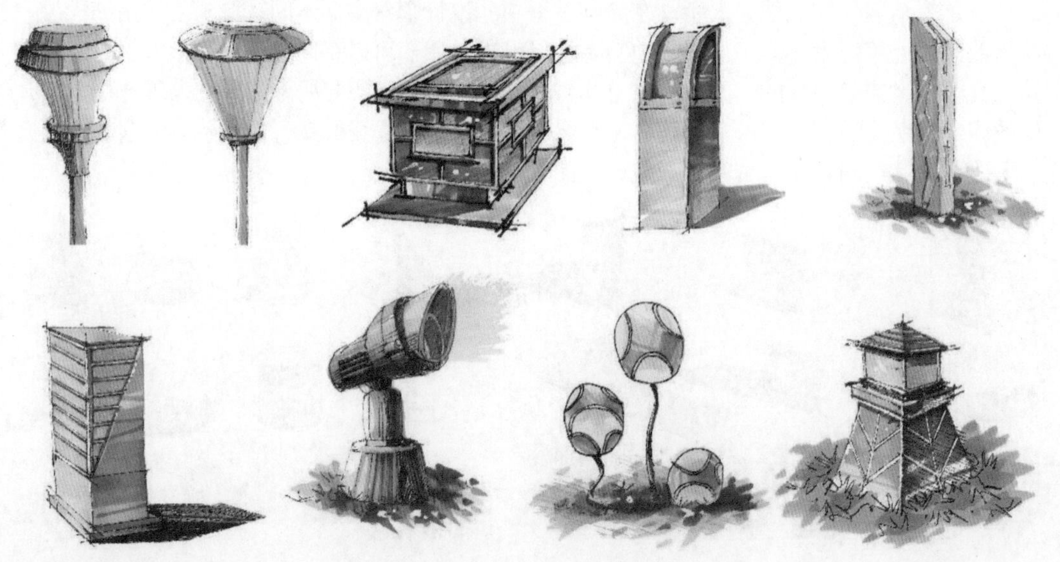

图4-78

图4-79

2. 不同体块空间的物体渐变与过渡

为了提升对不同体块空间内物体渐变与过渡的掌控能力，我们可以借助一系列景观节点进行训练。这些景观节点主要包括几何形状的小景观，借助它们，我们不仅可以掌握物体的渐变与过渡，还可以积累丰富的设计素材，如图4-80所示。

为了更全面地掌握物体渐变与过渡的技巧，我们还可以借助特色树池、座椅、园路铺装、廊架及概念性的景观建筑等元素进行补充训练（见图4-81）。这些元素不仅有助于我们深入理解物体渐变与过渡的内涵，还能为我们提供多元化的设计灵感。

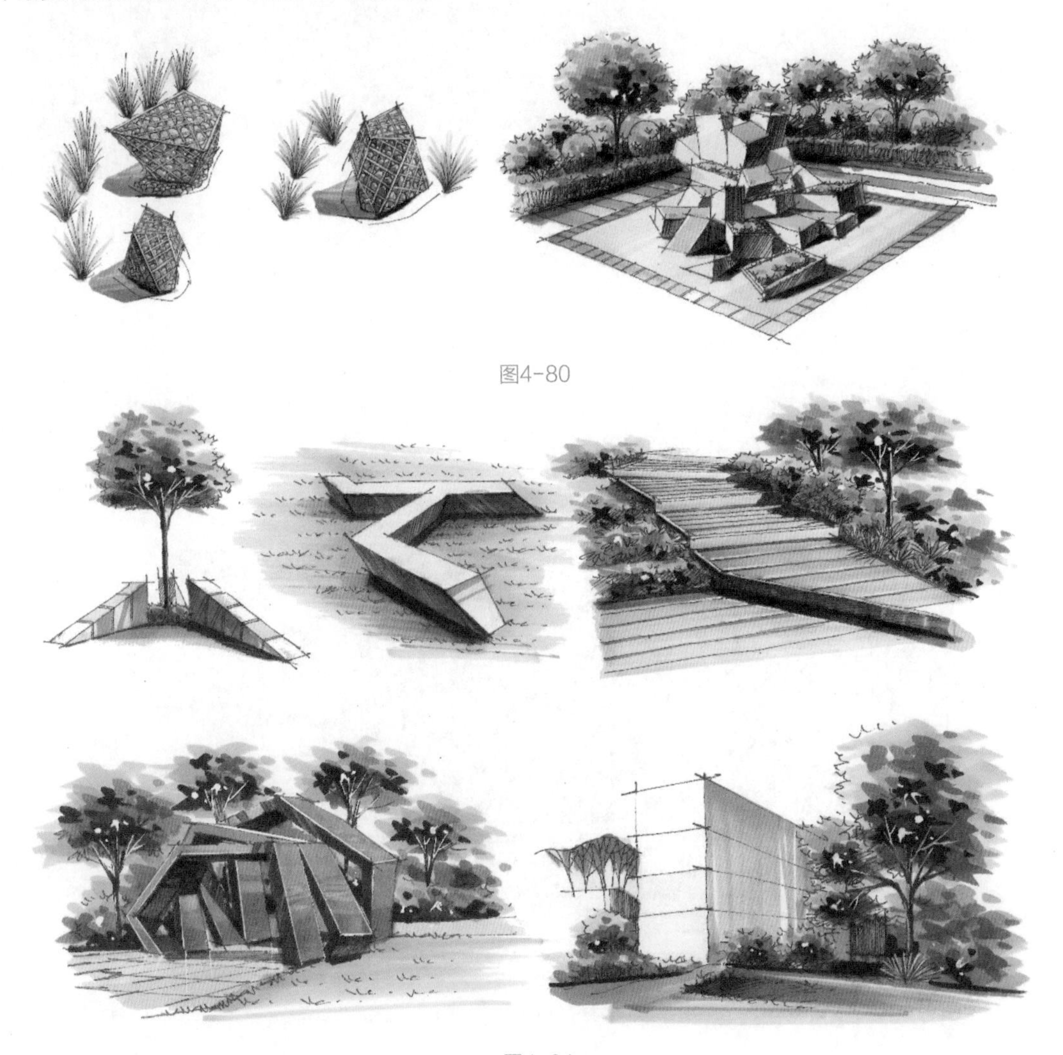

图4-80

图4-81

4.4 彩铅与色粉的笔触与上色

4.4.1 单色彩铅

1. 彩铅概述

彩铅作为铅笔的一个变种，使用简单，同时具备可擦拭和可修改的优点。一般来说，彩铅的笔触排列需要确保统一、不凌乱（见图4-82）。彩铅在景观手绘中运用广泛，特别是在处理色阶过大的树冠色调时，往往采用彩铅笔触进行过渡。彩铅笔触不仅能丰富画面色彩，同时也能增强画面的层次感和立体感，如图4-83所示。

图4-82

图4-83

2. 彩铅的笔触特点

为了更直观地展现彩铅的使用效果，下面以一幅纯彩铅绘制的效果图为例，进一步阐述彩铅的笔触特点，如图4-84所示。

图4-84

彩铅的笔触具有干涩感并伴有一定的颗粒感，因此在使用彩铅时需要注意适量擦拭。同时，排线应尽量细腻清晰，避免线条叠加次数过多，一般不超过3次。彩铅的笔触常常被用作画面色彩的过渡与补充，能为作品增添丰富的色彩效果。

3. 彩铅绘画的训练

彩铅常被用来表现树冠色调的渐变（见图4-85）、天空的色彩（见图4-86）、玻璃或小品铺装的色彩及周围环境的色调等，通常与马克笔结合使用。

我们通过不同方向的排线，掌握使用彩铅绘制线条的合适的力度与速度，能更好地绘制出虚实、粗细不同的线条，为后期的画面塑造提供更多可能性，如图4-87所示。

线条的渐变与过渡有多种不同的表现形式，我们既可以进行单色的渐变与过渡训练（见图4-88），也可以进行多色的渐变与过渡训练，如图4-89所示。

图4-85

图4-86

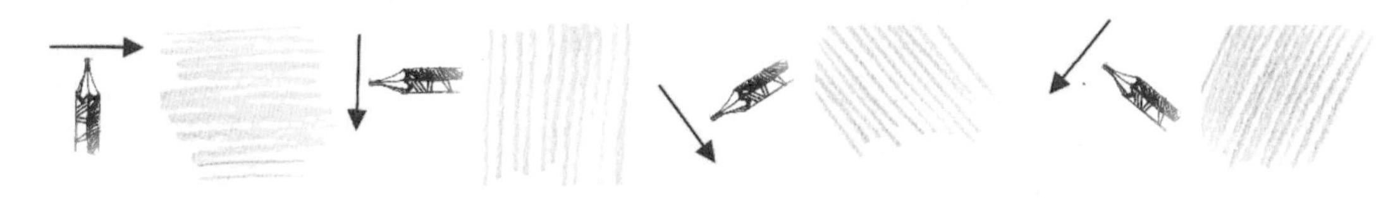

图4-87

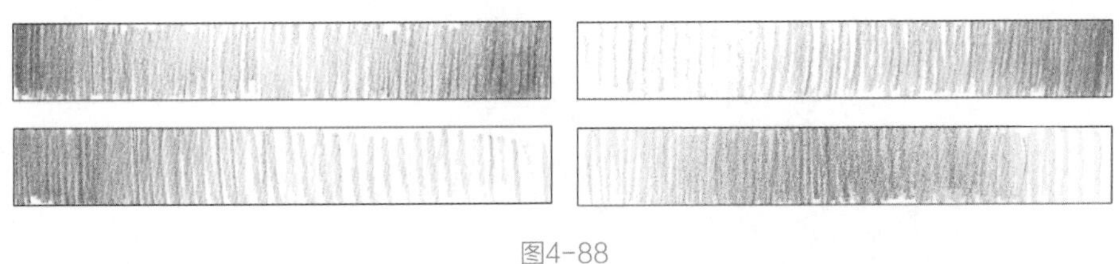

图4-88

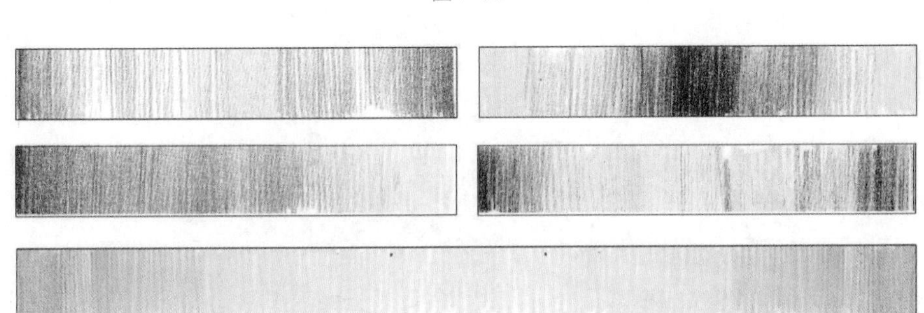

图4-89

4.4.2 色粉

1. 色粉概述

色粉也称色粉笔，是一种由颜料粉末制成的干粉笔，通常用于绘画。它是一种常见的景观手绘效果图表现工具，通过刮出粉末进行擦拭表现或者直接绘制后再进行揉擦，能快速地渲染效果（见图4-90）。它在背景天空的大面积渲染中比较常用（见图4-91），同时也可以用于为大面积的底色奠定基调，绘画者可以通过调整所使用色粉的多少来调整色彩的纯度。

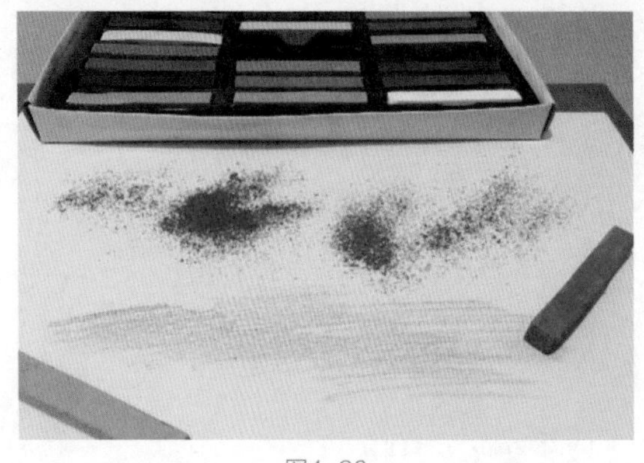

图4-90

图4-91

2. 色粉的特点

下面以一幅仅用色粉表现的作品来说明色粉的特点，如图4-92所示。

色粉具有以下5个特点。

第1点：色粉画兼具油画和水彩画的效果，具有独特的艺术魅力；在造型和晕染方面易操作，且色彩变化丰富、绚丽、典雅，宜表现变化细腻的物体。

第2点：色粉的主要原料是矿物质颜料，色彩稳定性好，明亮饱和，经久不褪色，不需要借助油、水等其他媒介来调色，可直接作画，使用起来十分方便。

第3点：只需将几种色粉组合后互相糅合，即可得到理想的色彩。

第4点：由于色粉是干的，因此它适用于各种纸张。

第5点：色粉有一定的覆盖性，较浅的色彩可以直接覆盖在较深的色彩上，起到降调的作用。

图4-92

3. 色粉绘画的训练

色粉绘画的训练主要有以下3种。

第1种：大面积渲染天空和水景，如图4-93所示。

第2种：奠定画面底色基调，如图4-94所示。

第3种：丰富画面色彩，如图4-95所示。

图4-93

图4-94

图4-95

4.4.3 彩铅笔触的叠加与过渡

彩铅笔触的叠加与过渡根据排线方向的不同而方式繁多，如图4-96所示，一般同类色的叠加与过渡使用较多。

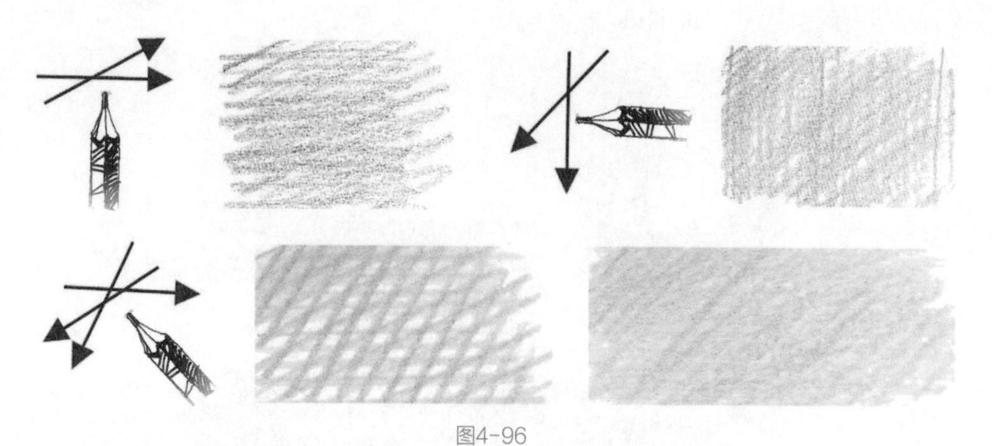

图4-96

4.4.4 色粉的叠加与过渡

色粉的叠加与过渡相对简单，只需将几支色粉笔刮出粉末，然后用纸巾或纸笔将几种色粉融合即可（见图4-97），擦拭时可根据绘画需求调整力度。若想混合色彩，只需用同样的力度擦拭即可；若想覆盖之前的色彩，只需叠加一些色粉即可，如图4-98所示。

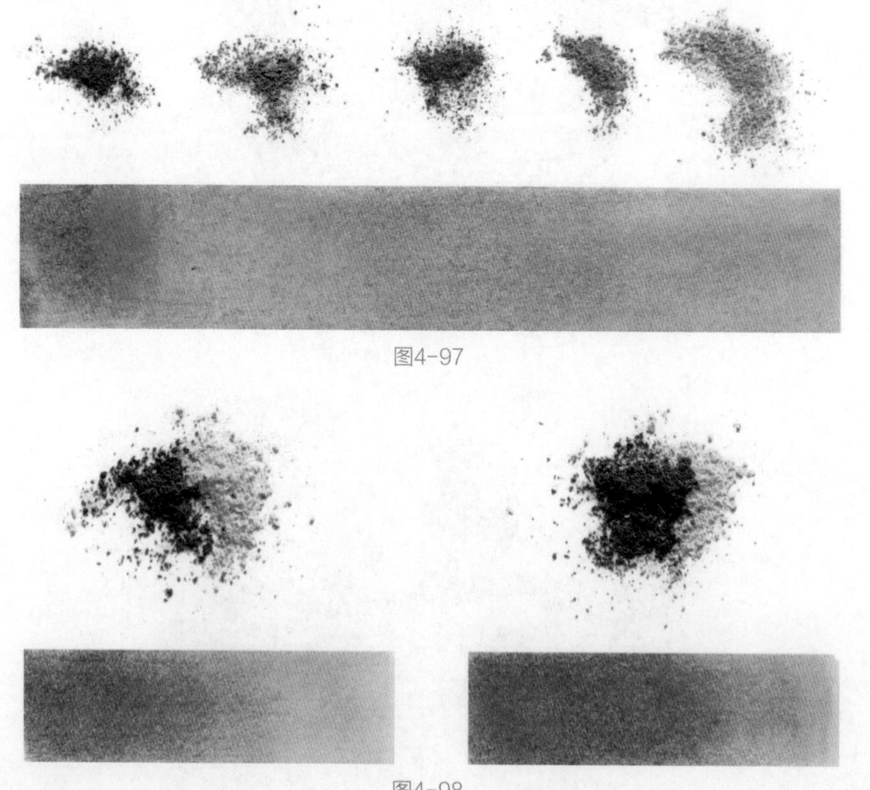

图4-97

图4-98

4.5 彩铅与马克笔综合上色训练

4.5.1 彩铅与马克笔结合的笔触表现

在绘制景观设计效果图时，可以使用马克笔留白，然后用彩铅进行衔接和过渡。这样能够使马克笔的笔触变得更加柔和，同时也可以让画面色彩更加丰富。用彩铅排线要快，要确保线条明显且力度适中。彩铅与马克笔结合的笔触表现如图4-99所示。

图4-99

4.5.2 彩铅与马克笔结合时的常见错误

（1）运笔速度慢，笔触不明显，颜色深，如图4-100所示。
（2）犹豫不定、衔接频繁，线条琐碎，如图4-101所示。
（3）叠加时没有过渡，衔接生硬，如图4-102所示。
（4）笔没有完全压在纸上，线条残缺，如图4-103所示。

图4-100

图4-101

图4-102

图4-103

（5）太强调过渡，衔接生硬，如图4-104所示。
（6）十字交叉线条太过明显，应适当调整，如图4-105所示。
（7）叠加次数过多，如图4-106所示。
（8）运笔时用力较小且线条间距过大，如图4-107所示。
（9）排线太过随意，笔触混乱且叠加过度，如图4-108所示。
（10）彩铅线条不明显，应削尖彩铅笔头，如图4-109所示。

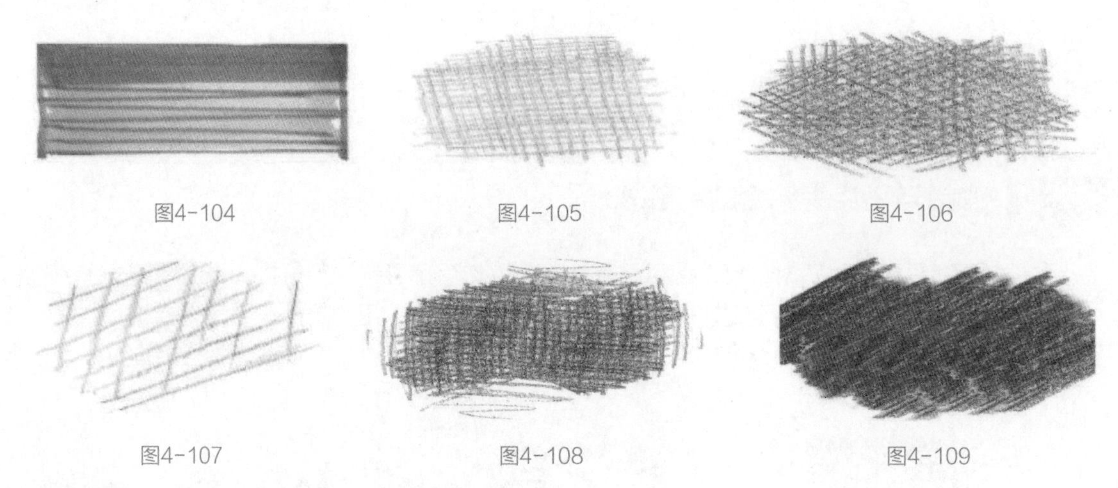

图4-104　图4-105　图4-106

图4-107　图4-108　图4-109

4.5.3 彩铅与马克笔结合的训练方法

彩铅与马克笔结合的训练方法多种多样，如运用它们绘制景墙、树冠、铺装、草地等，如图4-110所示。花卉组团的马克笔与彩铅交融所呈现的色彩丰富度与柔和度如图4-111所示。

彩铅能够协助马克笔呈现出丰富的环境色、固有色和同类色。彩铅与马克笔的结合运用是景观设计手绘效果图的常用表现手法，如图4-112所示。熟练掌握彩铅与马克笔的结合运用，有助于我们在后期更好地绘制景观设计手绘效果图。

图4-110

图4-111

图4-112

4.6 本章小结

读者通过对本章的深入学习，可以掌握色彩的基础理论，以及各种表现技法，特别是扫笔、斜推、揉笔带点等技法。这些技法是景观设计手绘效果图常用的表现手法。同时，彩铅与色粉可以作为马克笔的补充，运用得当能够为画面增添独特的色彩效果。

4.7 课后实战练习

1. 掌握色彩的基础理论，用几何形体表现笔触过渡及色彩冷暖关系

这主要是为了训练绘画者的空间塑造和绘画表现能力，让绘画者掌握色彩的冷暖关系、明暗关系以及笔触过渡的运用技巧。下面两幅作品可供绘画者参考。

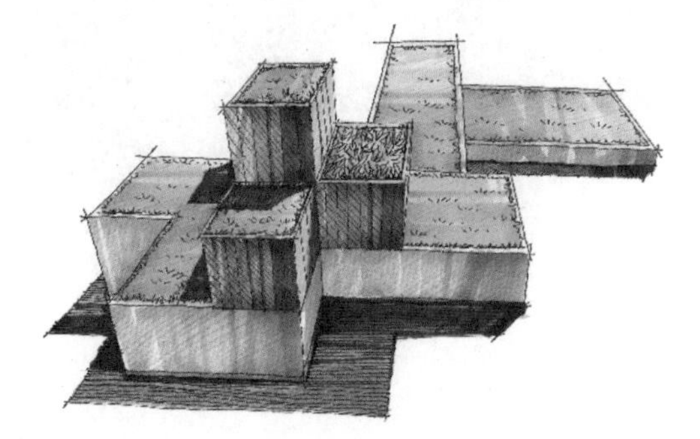

2. 动手练习，掌握马克笔、彩铅、色粉的使用技巧

要掌握马克笔、彩铅、色粉的使用技巧，关键在于实践。为了帮助绘画者更好地掌握这些技巧，下面将展示一些作品以供绘画者临摹参考。请根据自身的绘画基础选择合适的作品，逐步练习并掌握各种表现技法和色彩的运用技巧。同时，也请注意观察和模仿这些作品的细节处理手法，以提高自身的绘画水平。

第5章 景观配景元素表达

本章概述

本章主要探讨景观配景元素的呈现方式，涉及植物、水景、石头与铺装、车辆与人物以及天空与地面的配景元素。通过深入了解不同类型配景元素的独特性质和适用场景，如植物配景元素的类型及配置原则，不同水景配景元素的形态及表达方式，石头与铺装配景元素的组合与铺设技巧，车辆与人物配景元素在景观设计中的互动性，以及天空与地面配景元素对整体氛围的烘托，读者能够进一步加深对景观设计的理解，进而提高个人的设计素养和审美鉴赏能力。

5.1 植物配景元素

5.1.1 景观植物

1. 植物概述

植物是园林中必不可少的一部分，不同植物的组合能构成多样化的园林观赏空间，营造出不同的景观效果（见图5-1）。园林中植物种类繁多，主要包括木本植物和草本植物。木本植物包括用于观花、观叶、观果、观枝干的各种乔木和灌木（见图5-2），草本植物包括大量的花卉和地被植物。在园林植物造景中，要考虑植物的合理搭配，如图5-3所示。

不同风格植物的表现，可以使画面效果更加丰富多彩。植物既是环境的构成部分，又是主题的烘托者甚至表现者，所以植物在景观设计中起着至关重要的作用。

图5-1

图5-2

图5-3

2. 植物单体与组合展示

手绘植物单体与组合的过程就是将植物从想象构思到具象表现的过程。植物单体线稿是植物组合展示的基础，它可以帮助设计师把握植物的外形特征和生长规律（见图5-4）。植物单体线稿要求准确、清晰、简洁，注重线条的流畅性和表现力，如图5-5所示。

植物绘画可以从乔木开始，包括常绿和落叶的乔木（见图5-6）。之后，绘画者需逐渐掌握不同气候条件下的植物绘制技巧。例如，热带植物、亚热带植物及温带植物（见图5-7）的绘制技巧都需要掌握。此外，竹子的绘制需要进行特别的练习，以准确把握竹子的整体造型，并突出其叶片细长的特点（见图5-8）。在掌握了基本的植物绘制技巧后，还需要加强对不同造型灌木的单体绘制练习（见图5-9）。最后，水生植物和地被植物的绘制练习也是必不可少的（见图5-10）。

色稿则是对植物单体与组合展示效果进行的更加生动、逼真的表现，应注重色彩的搭配和整体效果（见图5-11）。线稿和色稿的结合，可以更好地表达设计师的创意和景观设计的精髓，提高景观设计的效果和观赏性，如图5-12所示。

在驳岸景观和水景的设计中，水生植物的手绘线稿和色稿均具有极其重要的作用。线稿为设计师提供了准确描绘植物外形和生长规律的工具，为后续的上色和渲染打下基础，并且能帮助设计师整体把握植物的配置和景观设计效果（见图5-13）。色稿则使植物更为逼真、生动，并进一步提升整体景观设计的美感。通过线稿和色稿的完美结合，我们可以创造出优美、自然且充满生命力的景观设计作品，如图5-14所示。

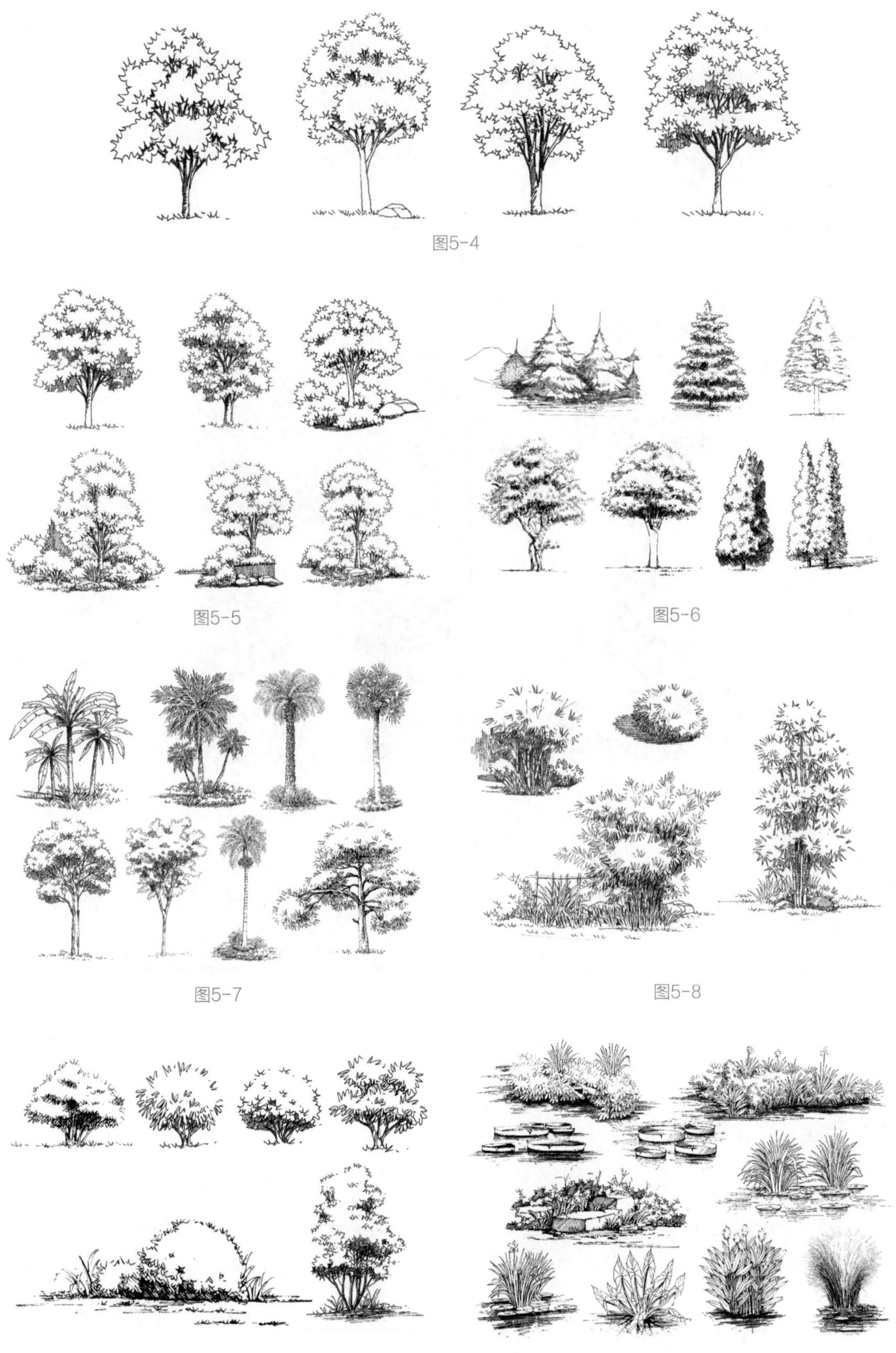

图5-4

图5-5

图5-6

图5-7

图5-8

图5-9

图5-10

图5-11

图5-12

图5-13

图5-14

5.1.2 植物配置

1. 植物配置的基本要素

植物配置的基本要素包括色彩、大小、形态、线条、质地和比例等，这些要素相互作用，将植物分为单体或组合。利用恰当的编排手法（如重复、对比、对称、变化等），设计师可以将各类植物组合成与硬质环境相融、具有美感和一定功能的整体植物景观（见图5-15）。植物的色彩主要来自花、叶、果、枝，而花、果的季节变化会影响色彩，因此植物配置需考虑花、果的季节变化。

图5-15

2. 植物配置的多样性与统一性

植物配置的多样性和统一性是基本原则，设计师应通过变化和统一来设计美丽的植物景观。在植物景观设计中，植物的外形、色彩、线条、质感等都需要呈现出变化以显示多样性，同时也要保持一致性以产生统一感（见图5-16）。遵循对称和平衡原则可以带来稳定感和秩序性。遵循韵律和节奏原则则可以使植物景观更加生动有趣。遵循比例和尺寸原则则需要设计师考虑植物在时间和空间上的变化。

图5-16

5.1.3 景观配景——乔木

景观配景——乔木

1. 乔木概述

乔木主干分明，分支点较高，树干和树冠层次清楚。按照高度的不同，乔木可以分为伟乔木、大乔木、中乔木和小乔木等（见图5-17）。在景观中，乔木常常是上层景观的构成要素，与灌木和地被植物搭配共同构成美丽的景观。乔木还可以分为落叶乔木和常绿乔木两类，前者在秋冬或干旱季节会落叶，后者则四季常绿。乔木树冠的形状丰富多样，包括球形、扁球形、半球形、圆锥形、圆柱形、伞形等。在绘制时，我们应该抓住乔木树冠的形态特征，对其进行简化绘制，如图5-18所示。

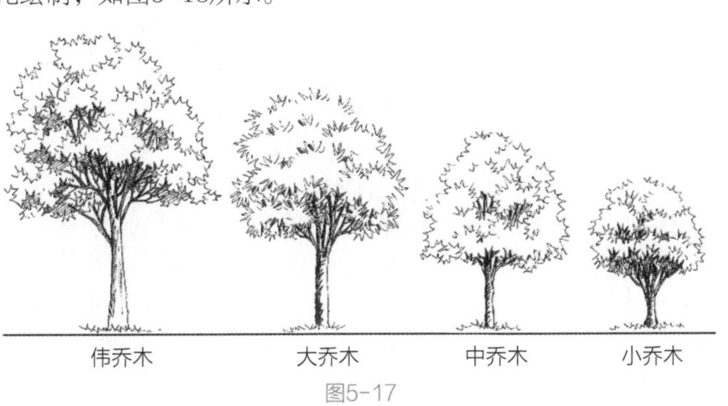

图5-17

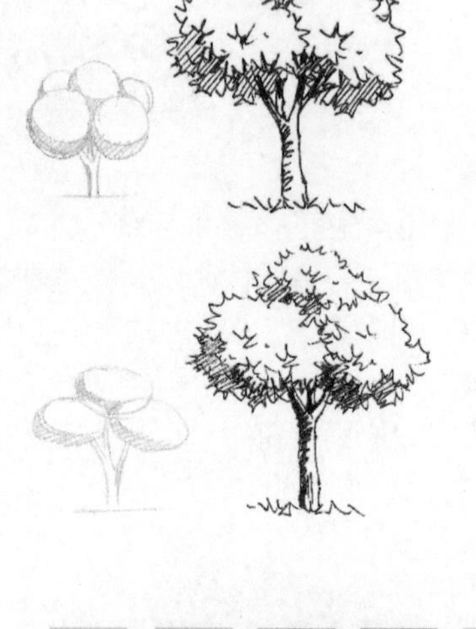

图5-18

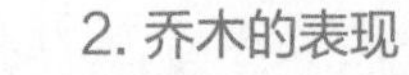

2. 乔木的表现

接下来将展示乔木的完整绘制过程，以帮助读者更好地了解乔木的绘制技巧和注意事项。本案例的主要用色如图5-19所示。

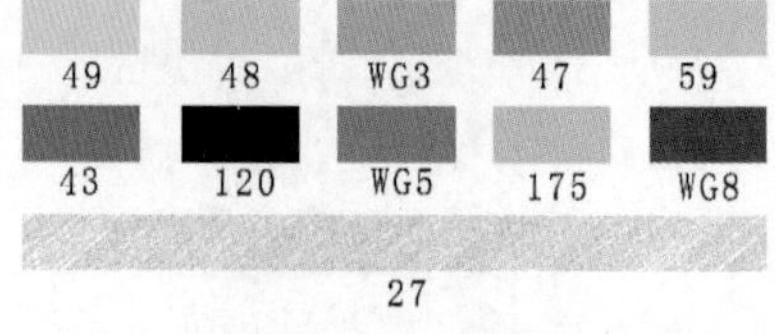

图5-19

（1）使用流畅的线条绘制乔木的枝干，确定分支点的高度，如图5-20所示。

（2）运用概括的方法表现树冠的造型，树冠的线条要灵活，不要过于僵硬，如图5-21所示。

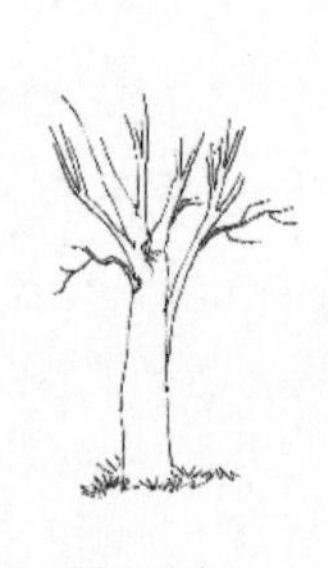

图5-20

图5-21

图5-22

图5-23

（3）通过塑造背光面枝干的明暗关系，增强乔木的立体感和空间感，如图5-22所示。

（4）使用方向统一的排线，将树冠的前后空间与明暗层次拉开，完善线稿，如图5-23所示。

（5）使用绿色和黄色的马克笔大面积铺色，并使用暖灰色马克笔画出树干的背光面，如图5-24所示。

（6）添加树冠的固有色，并合理过渡，使画面效果更加自然，如图5-25所示。

图5-24

图5-25

（7）增添树冠的暗部层次，使用较深的绿色和黑色马克笔进一步塑造暗部，并点出高光，如图5-26所示。

（8）加深树干的暗部，并运用彩铅对树冠的颜色进行调整，让画面更加和谐统一，增强视觉冲击力，如图5-27所示。

图5-26

图5-27

5.1.4 景观配景——灌木

景观配景——灌木

1. 灌木概述

灌木多指没有明显的主干，分支点较低，矮小（通常在3米以下）而丛生的植物（见图5-28）。灌木主要跟乔木相结合，起到丰富景观层次的作用，一般用来对空间进行适当的遮挡，营造出自然的效果（见图5-29）。在设计景观时，一般选用具有萌芽力强、发枝力强、愈伤力强、耐修剪等特征的灌木作为绿篱，如图5-30所示。

常用的绿篱有黄杨、冬青、女贞、圆柏、海桐、珊瑚树、凤尾竹、白马骨、福建茶、千头木麻黄、九里香、桧柏、侧柏等。

图5-28

图5-29

图5-30

2. 灌木的表现

以下是一个灌木丛的绘制案例，以帮助读者更好地了解灌木的绘制方法。本案例的主要用色如图5-31所示。

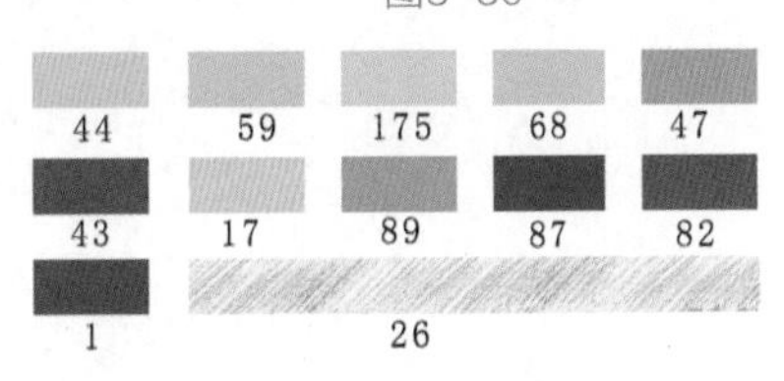

图5-31

（1）在画面中绘制出主要的灌木作为参考，用线要灵活，如图5-32所示。

（2）以上一步绘制的灌木为基础，将其他不同灌木的形态表现出来，如图5-33所示。

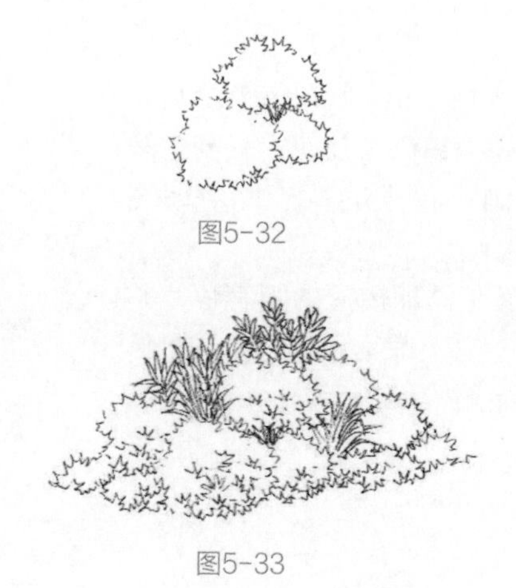

图5-32

图5-33

图5-34

图5-35

（3）通过排线，增强灌木丛的明暗对比，如图5-34所示。

（4）调整画面，增添压边的小灌木与地被植物，如图5-35所示。

（5）用亮色的马克笔对不同灌木进行上色，第一遍可以大面积铺色，如图5-36所示。

（6）整体铺出画面中各类灌木的色彩，并增添灌木的固有色，如图5-37所示。

图5-36

图5-37

（7）丰富灌木的色彩，增强画面的明暗、色彩对比，如图5-38所示。

图5-38

（8）调整画面的明暗关系，运用提白笔点出画面的高光，使画面的视觉冲击力更强，如图5-39所示。

图5-39

5.1.5 景观配景——椰子树

景观配景——椰子树

1. 椰子树概述

椰子树是热带地区常见的常绿乔木，树干高大挺拔，通常在15米至30米之间。椰子树的树冠呈伞形，叶子为羽状复叶，叶子的色彩为深绿色，叶缘呈波浪状。椰子树的树冠大而美丽，叶子排列紧密，其具有很高的观赏价值，如图5-40所示。

椰子树的树干并不都是垂直挺拔的，特别是在沿海地区，它们的树干往往会倾斜生长以适应海风和海浪的影响。在画椰子树时，注意叶子的排列要紧密，避免将其画得稀疏，否则会显得椰子树缺乏生机。无论画得直还是斜，椰子树的形态都体现了植物的多样性和适应性，如图5-41所示。

图5-40

图5-41

2. 椰子树的表现

在学习案例绘制之前，我们首先需要深入剖析椰子树的叶片在不同视角下的形态表现，如图5-42所示。在绘制椰子树的过程中，要充分考虑椰子树的叶片在不同光照条件下的色彩变化，以及其在不同视角下的形态特点。本案例的主要用色如图5-43所示。

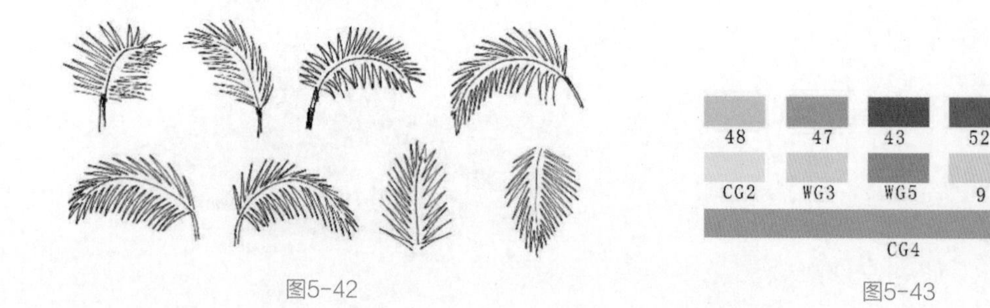

图5-42　　图5-43

（1）用线条概括椰子树树冠的生长趋势，并整体绘制椰子树的造型，如图5-44所示。

（2）根据椰子树的树冠生长趋势绘制出叶片，用线要灵活，如图5-45所示。

（3）完善椰子树的树冠，让其更加饱满，并表现出树干的明暗关系，如图5-46所示。

（4）加强椰子树的明暗对比，让椰子树更具立体感，如图5-47所示。

图5-44　　图5-45　　图5-46　　图5-47

（5）使用亮色的马克笔整体绘制出树冠、树干及地被植物的第一层色彩，如图5-48所示。

（6）加深树冠、树干及地被植物的固有色，适当留出第一层亮色，不能全部覆盖，如图5-49所示。

（7）塑造画面的暗部深色调，进一步增强画面的明暗对比，如图5-50所示。

（8）整体调整画面，使用提白笔绘制出画面高光，完成椰子树的绘制，如图5-51所示。

图5-48　　图5-49　　图5-50　　图5-51

5.1.6 景观配景——棕榈树

景观配景——棕榈树

1. 棕榈树概述

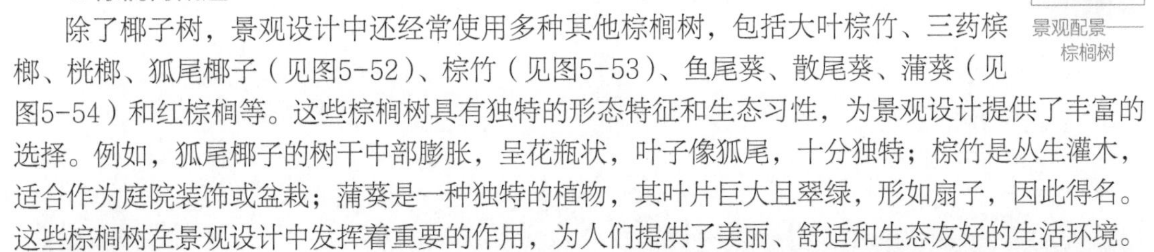

除了椰子树，景观设计中还经常使用多种其他棕榈树，包括大叶棕竹、三药槟榔、桄榔、狐尾椰子（见图5-52）、棕竹（见图5-53）、鱼尾葵、散尾葵、蒲葵（见图5-54）和红棕榈等。这些棕榈树具有独特的形态特征和生态习性，为景观设计提供了丰富的选择。例如，狐尾椰子的树干中部膨胀，呈花瓶状，叶子像狐尾，十分独特；棕竹是丛生灌木，适合作为庭院装饰或盆栽；蒲葵是一种独特的植物，其叶片巨大且翠绿，形如扇子，因此得名。这些棕榈树在景观设计中发挥着重要的作用，为人们提供了美丽、舒适和生态友好的生活环境。

图5-52

图5-53

图5-54

2. 棕榈树的表现

棕榈树的种类繁多，下面将以蒲葵作为主要表现对象。在开始绘画之前，我们需要对蒲葵叶片在不同方向上的表现进行分析（见图5-55），以便更好地将其应用于实际案例中。本案例的主要用色如图5-56所示。

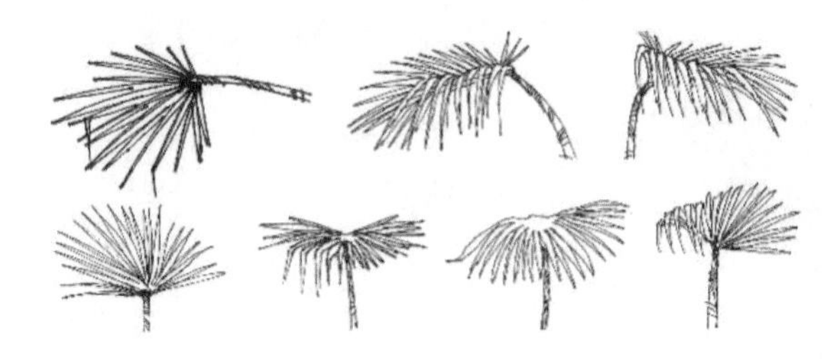

图5-55

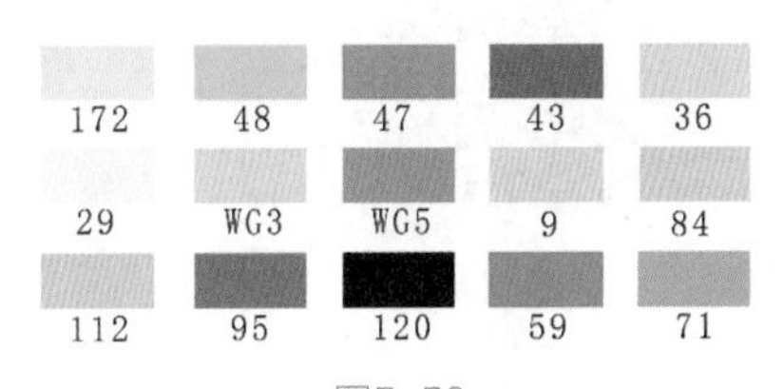

图5-56

（1）绘制出地面的卵石和蒲葵的树干，整体造型要符合透视规律，如图5-57所示。

（2）绘制出蒲葵的树冠造型，要考虑到不同角度的叶片的走势，用线要灵活自然，如图5-58所示。

图5-57

图5-58

图5-59

图5-60

（3）表现树干和卵石的明暗关系，通过排线的方式塑造出树干和卵石的立体感，注意光影的处理，如图5-59所示。

（4）调整画面的明暗关系，加强树冠的明暗对比，突出画面的空间感，如图5-60所示。

（5）使用马克笔绘制出树冠、树根处花卉及卵石的亮色，确定画面基调，注意色彩的明度和饱和度，如图5-61所示。

（6）完善树冠、树干的固有色，表现地被植物，加深卵石的固有色，注意色彩的冷暖和饱和度变化，如图5-62所示。

图5-61

图5-62

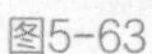

图5-63

图5-64

（7）整体加强画面的明暗对比，塑造画面的暗部层次，增强蒲葵的立体感，注意光影的处理，如图5-63所示。

（8）使用提白笔或涂改液绘制出画面的高光，使画面更加和谐统一，增强视觉冲击力，同时注意高光的形状和亮度，如图5-64所示。

5.1.7 景观配景——草地

景观配景——草地

1. 草地概述

草地是指人工铺设草皮或播种草籽而形成的整片绿色地面（见图5-65），可美化环境并避免水土流失。草地常常与地被灌木及花卉搭配进行造景（见图5-66），尤其是宽阔的草地常常与各季节的花卉搭配作为点缀，这类情况常常出现在城市的各类公园，如图5-67所示。

图5-65

图5-66

图5-67

2. 草地的表现

在景观设计中，用马克笔表现草地最为常见，方法也相对简单。在绘制场景时，只需关注整片草地的明暗色彩和笔触之间的过渡关系。在硬质景观场景中，草地通常作为配景来柔化整体氛围。本案例的主要用色如图5-68所示。

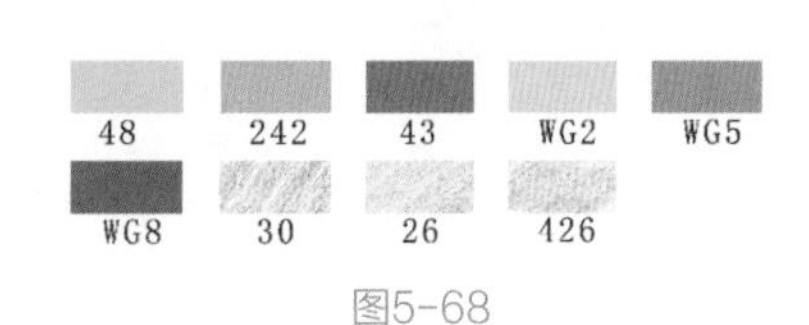

图5-68

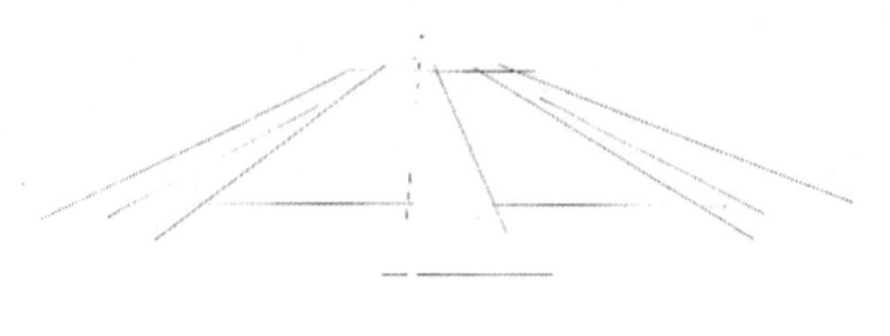

图5-69

（1）确定画面的消失点，根据消失点绘制出草地的透视线，注意线条的流畅性和准确性，如图5-69所示。

（2）运用抖线来表现草地和低矮的绿篱，注意抖线的疏密关系和线条的灵活运用，如图5-70所示。

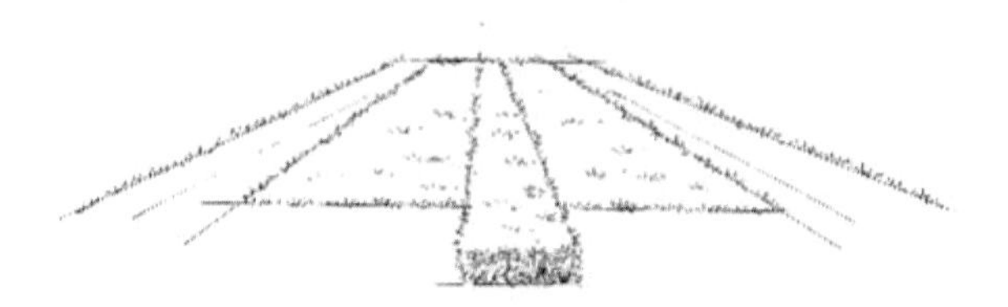

图5-70

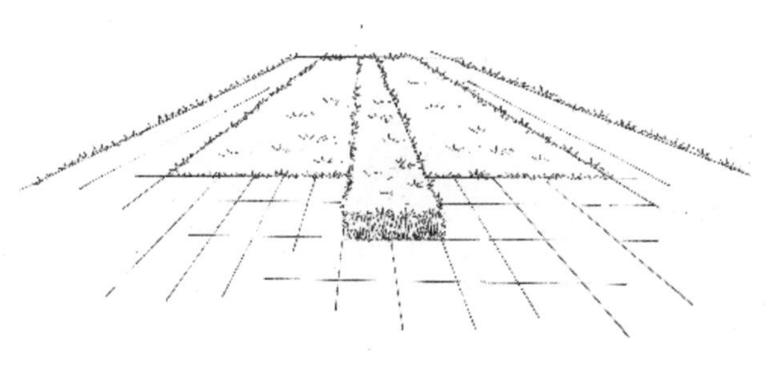

图5-71

（3）绘制出前景硬质地面的分割线，注意线条的准确性和清晰度，如图5-71所示。

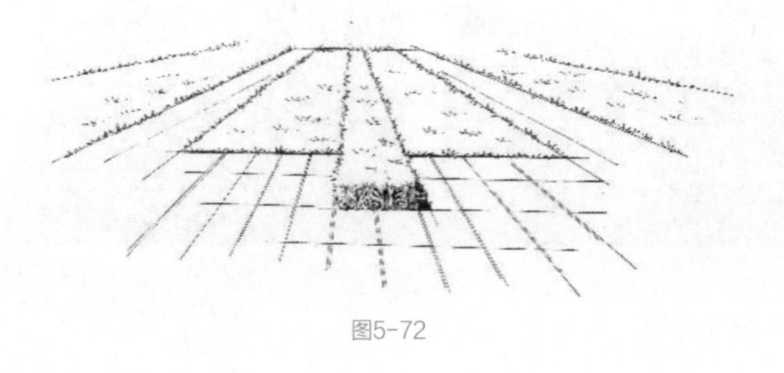

图5-72

（4）表现画面的明暗关系，进一步刻画草地，完善构图，注意画面前景处光影的处理，如图5-72所示。

（5）使用绿色马克笔大面积绘制出草地的亮色，注意色彩的饱和度和明度，如图5-73所示。

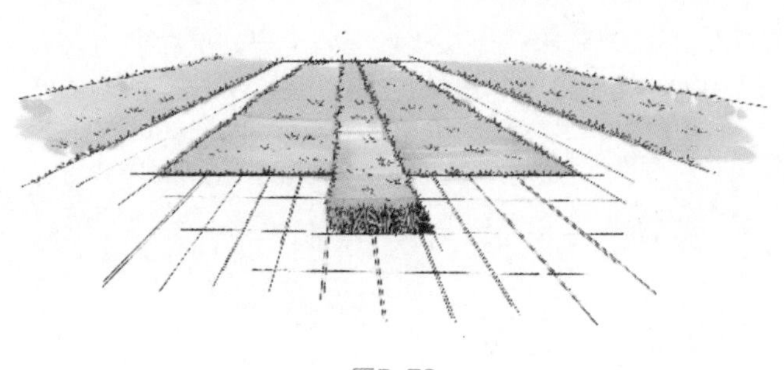

图5-73

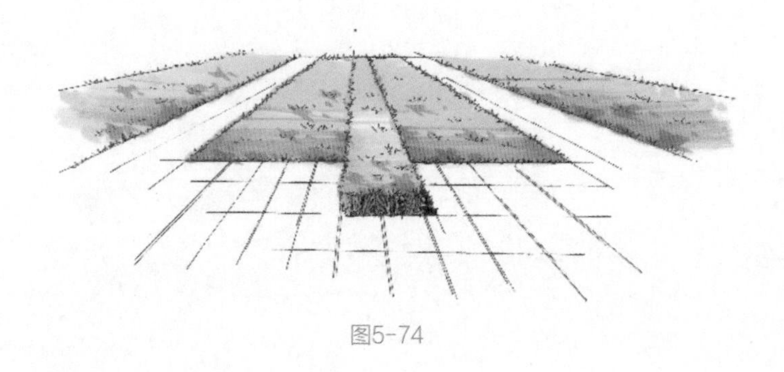

图5-74

（6）塑造前景草地，加深草地的固有色，保留部分亮色，注意马克笔笔触的过渡和光影的处理，使画面更加自然，如图5-74所示。

（7）运用暖灰色马克笔整体绘制出硬质地面的色调，并做好过渡处理，如图5-75所示。

图5-75

图5-76

（8）运用暖色系彩铅，用排线表现出硬质地面和草地颜色的过渡，注意线条的流畅性和光影的处理，使画面更加和谐统一，增强视觉冲击力，如图5-76所示。

5.1.8 景观配景——花卉

景观配景——花卉

1. 花卉概述

花卉种类繁多，包括拥有鲜艳花朵的各种植物。在景观设计中，花卉的应用非常常见，它们主要被用于花坛（见图5-77）、盆栽花卉场景（见图5-78）、观花观叶花卉场景（见图5-79）和荫棚等。花卉通常作为点缀，以突出和增加主体景观的美感。例如，盆栽花卉与景墙点缀花卉的应用，使园林景观更加丰富多彩和美观。因此，花卉的表现是园林景观手绘中非常重要的一环，能够增强场景的生动性和提高场景的美观度。

图5-77

图5-78

图5-79

2. 花卉的表现

花卉是景观节点场景中的常见元素，能够显著提升景观的观赏性。花卉的手绘表现需要注意色彩搭配、形态塑造及整体构图。为了更好地将花卉应用于实际设计项目中，接下来将详细介绍花卉的绘制过程。本案例的主要用色如图5-80所示。

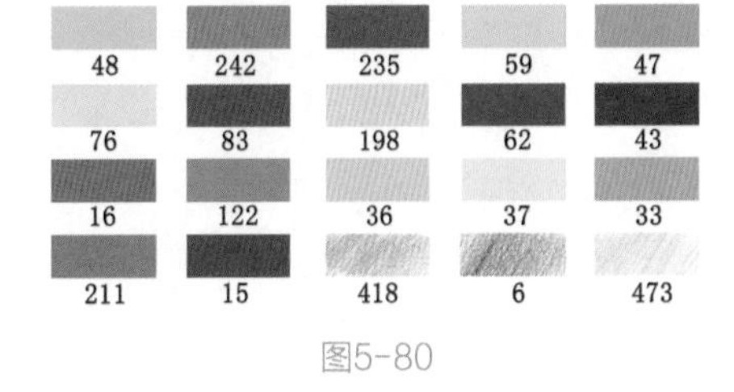

图5-80

（1）将陶瓷罐口处的花卉细节表现出来，为后续绘画提供参照，注意花卉形态的准确性和生动性，如图5-81所示。

（2）完善陶瓷罐的造型，并向四周扩散，逐步绘制出花卉的造型，如图5-82所示。

图5-81

图5-82

图5-83

（3）补画花卉和其他地被植物，完善画面的整体构图，塑造出画面的层次感和空间感，如图5-83所示。

（4）运用美工笔的宽笔头进行塑造，加强画面的明暗对比，注意暗部层次及其变化，如图5-84所示。

图5-84

图5-85

（5）运用红色和黄色马克笔表现出花卉的亮部色调，并对花卉周围的绿色植物及蓝色陶瓷罐进行塑造，如图5-85所示。

（6）给画面整体铺上绿色色调，并进一步拉开绿色植物的明暗层次，如图5-86所示。

图5-86

图5-87

（7）加深陶瓷罐和绿色植物暗部的重色调，并对花卉的固有色进行表现，注意光影的处理和色彩的搭配，使画面更加自然，如图5-87所示。

图5-88

（8）局部调整画面的明暗关系，并运用提白笔绘制出花卉的高光，注意高光的位置和形状，增强画面的质感和立体感；使用彩铅对画面的颜色进行过渡，使画面更加自然柔和，如图5-88所示。

5.2 水景配景元素

5.2.1 景观配景——水面

景观配景——水面

1. 水面概述

根据构造的不同，水景可分为泳池、喷泉、跌水、池塘、溪流和混合水景等。水景是景观设计中最常见的元素之一，能够为空间增添活力和美感，如图5-89所示。

水景常常以动态水景（见图5-90）与静态水景（见图5-91）两种形式呈现。在表现动态水景的时候，关键在于对水面的处理。动态水景由于水面相对静态水景不是那么平整，因此其水面呈现出来的景象相对于静态水景也不是那么完整，这就是处理动态水景的关键。对静态水景的处理和对镜面水景的处理基本是一样的，关键在于对水面反光的处理。

图5-89

图5-90

图5-91

2. 水面的表现

水面在景观设计手绘中扮演着举足轻重的角色，它能够通过不同的呈现方式来增强画面的层次感和动态感。为了使水面更逼真、生动，细节的处理至关重要，特别是水面的色彩，它受环境色的影响最大。为了将水面表现得更加完美，我们需要熟练掌握叠加与组合不同环境色的技巧。接下来将通过一个完整的案例来展示如何在景观设计手绘中运用这些技巧。本案例的主要用色如图5-92所示。

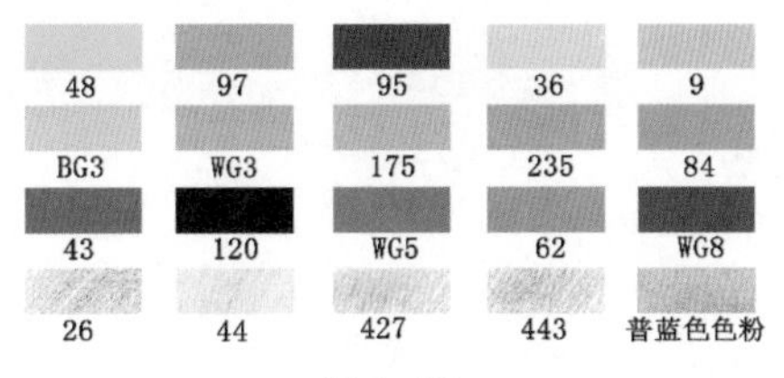

图5-92

（1）确定构图布局：使用流畅的线条整体勾勒出园林水景的建筑轮廓和倒影，如图5-93所示。

图5-93

图5-94

（2）初步细化：确定建筑、乔木、灌木的结构及其倒影在水中的位置，如图5-94所示。

（3）刻画细节：描绘建筑屋顶，通过排线表现水中倒影的明暗关系，并进一步刻画建筑的门窗等细节，如图5-95所示。

图5-95

（4）加深暗部：使用黑色马克笔加深画面暗部，增强水面与建筑、植物之间的明暗对比，如图5-96所示。

图5-96

图5-97

（5）表现色彩：使用马克笔为乔木与灌木的树冠、石头及建筑的木结构等涂上相应的色彩，并第一次为水中的倒影上色，如图5-97所示。

（6）加深固有色：加深乔木与灌木、石头的固有色，并用普蓝色色粉整体渲染天空和水面，快速表现整体色调，奠定画面基调，如图5-98所示。

图5-98

（7）加强明暗对比与塑造空间感：涂画树冠、石头和水中倒影等的深色调部分，并按照由浅到深的顺序叠加水面色彩，保持画面干净整洁，如图5-99所示。

图5-99

图5-100

（8）整体调整：使用彩铅进行过渡，强化水面的表现，并用提白笔点出画面的高光，使前景水面呈现蓝色渐变效果，如图5-100所示。

5.2.2 景观配景——跌水

景观配景——跌水

1. 跌水概述

跌水是指水流因为山高谷深、落差大而形成的景观（见图5-101）。瀑布是自然形态的跌水，多与假山、溪流结合；其他形态的跌水则多与建筑、景墙、挡土墙结合。跌水展现了水的坠落之美。瀑布更自然、有野趣，适用于自然山水园林（见图5-102）；形态规则的跌水更富有形式美和工艺美，适用于简洁明快的现代园林和城市环境，如图5-103所示。

图5-101

图5-102

图5-103

2. 跌水的表现

跌水是景观设计手绘中常用的一种水景，能够为场景增添活力和生动性。在开始正式讲解案例之前，我们先来了解一下跌水基础的表现形态。跌水主要通过竖线条的组合来表现，这些线条稍微带有一些弧度，如图5-104所示。本案例的主要用色如图5-105所示。

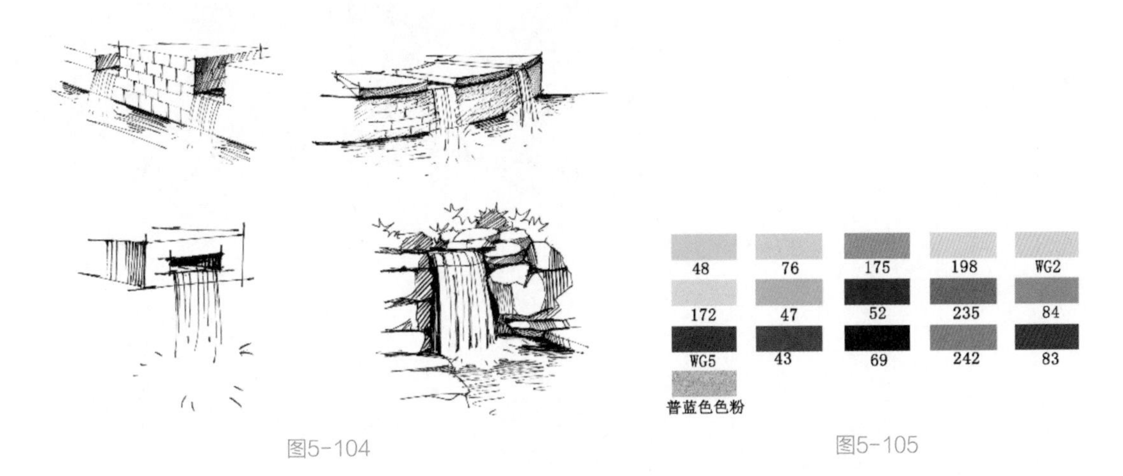

图5-104

图5-105

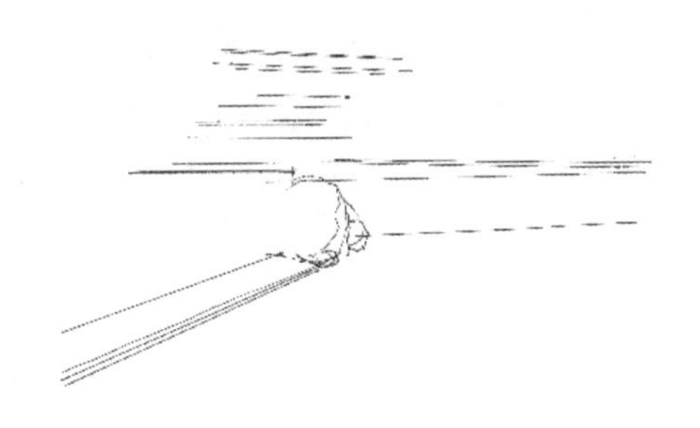

图5-106

（1）运用S形构图确定跌水台面的具体位置，并充分考虑台面的宽度及透视关系，如图5-106所示。

（2）为体现跌水台面的自然之美，可利用植物进行柔化处理，着重表现周边植物的层次结构；在绘制过程中，应先绘制低矮的地被、水生植物及灌木，再逐步表现较高的植物，如图5-107所示。

图5-107

（3）绘制乔木，并对植物进行组合；另外，还需快速呈现背景中的乔木与灌木，如图5-108所示。

图5-108

图5-109

（4）对跌水的造型进行细致刻画，同时对整个画面的明暗关系进行处理，以塑造出画面的空间感，如图5-109所示。

（5）运用马克笔将植物和水面绘制得更加生动；同时，应注意植物的冷暖色调对比，以增强画面的层次感和立体感，如图5-110所示。

图5-110

（6）添加画面中乔木与灌木的亮色，并加强水深的固有色，如图5-111所示。

图5-111

图5-112

（7）对植物和水体的明暗对比进行强化，突出表现前景植物及水体，如图5-112所示。

（8）用普蓝色色粉对天空进行快速表现，再对水体进行过渡处理；同时，使用提白笔细致地表现出跌水的形态，并绘制出植物的高光部分，从而完成画面的绘制，如图5-113所示。

图5-113

5.2.3 景观配景——涌泉

景观配景——涌泉

1. 涌泉概述

涌泉可通过水由下向上冒出的形式，营造出一种清新的水景氛围，同时可以利用不高喷的方式，打造出一种轻盈、柔和的水流效果，给人以舒适、自然的感受（见图5-114）。涌泉可以结合植物、灯光等元素来打造，营造出一种富有生机和活力的氛围（见图5-115），同时可以结合雕塑、景墙等元素，创造出一种富有艺术感和文化内涵的景观，如图5-116所示。

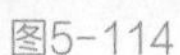

图5-114

图5-115

图5-116

2. 涌泉的表现

在景观设计手绘中，涌泉是一种常见的景观元素，通常表现为水从下向上涌出而形成的小型喷泉。涌泉通常被用于庭院、花园、公园等景观设计中，以其独特的水流和声效为环境增添活力和吸引力。涌泉的基础绘制技巧如图5-117所示。本案例的主要用色如图5-118所示。

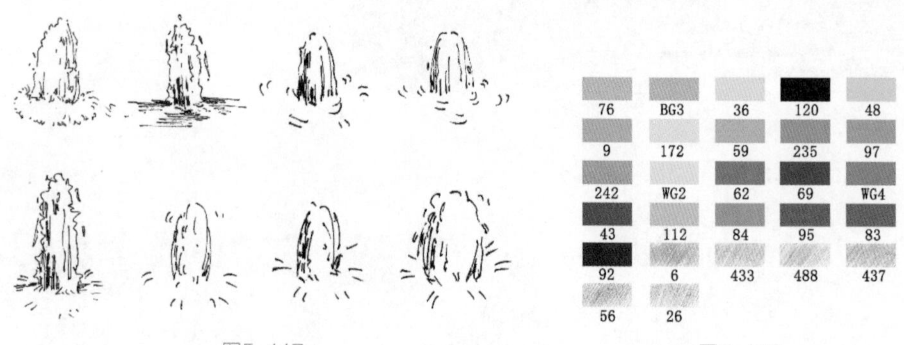

图5-117

图5-118

（1）用灵活的线条描绘涌泉的整体造型及透视关系，如图5-119所示。

图5-119

（2）为丰富画面内容，绘制水景灯柱、水景台面及前景地面的透视线条，如图5-120所示。

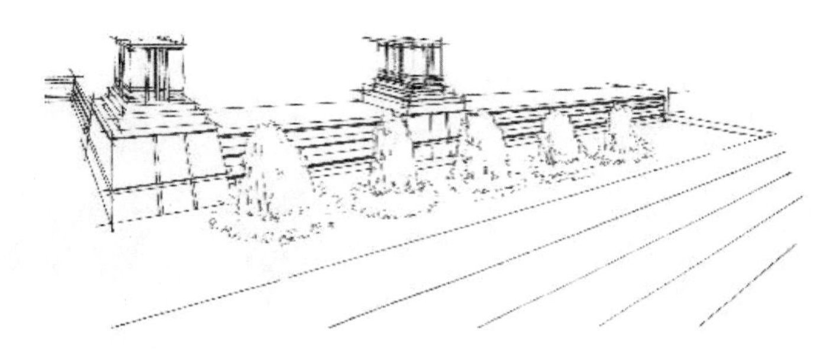

图5-120

图5-121

（3）绘制完整的树丛，包括其中的乔木与灌木，并对前景地面进行细化，同时优化整个画面的布局，如图5-121所示。

（4）强化画面的明暗对比，细化水景灯柱、水景台面和树丛，如图5-122所示。

图5-122

（5）使用马克笔迅速描绘水景灯柱、水景台面、涌泉的固有色及水面的色彩，并给灌木上色，以优化场景的视觉效果，如图5-123所示。

图5-123

图5-124

（6）对乔木的色彩进行处理，并着重突出前景地面的亮色调，从而为整个画面奠定基调，如图5-124所示。

（7）增强涌泉、水面、水景灯柱及树丛的明暗对比，以塑造出更为立体生动的画面效果，同时调整画面整体的明暗关系，使画面更具层次感和立体感，如图5-125所示。

图5-125

（8）先使用蓝色彩铅为背景天空着色，然后用颜色与树冠相同的彩铅进行过渡，增强画面的和谐感；接着用提白笔勾勒出画面中的高光部分，增强画面的立体感和层次感；最后完成前景地面的塑造，使整个画面更加生动形象，如图5-126所示。

图5-126

各类涌泉线稿作品如图5-127所示。

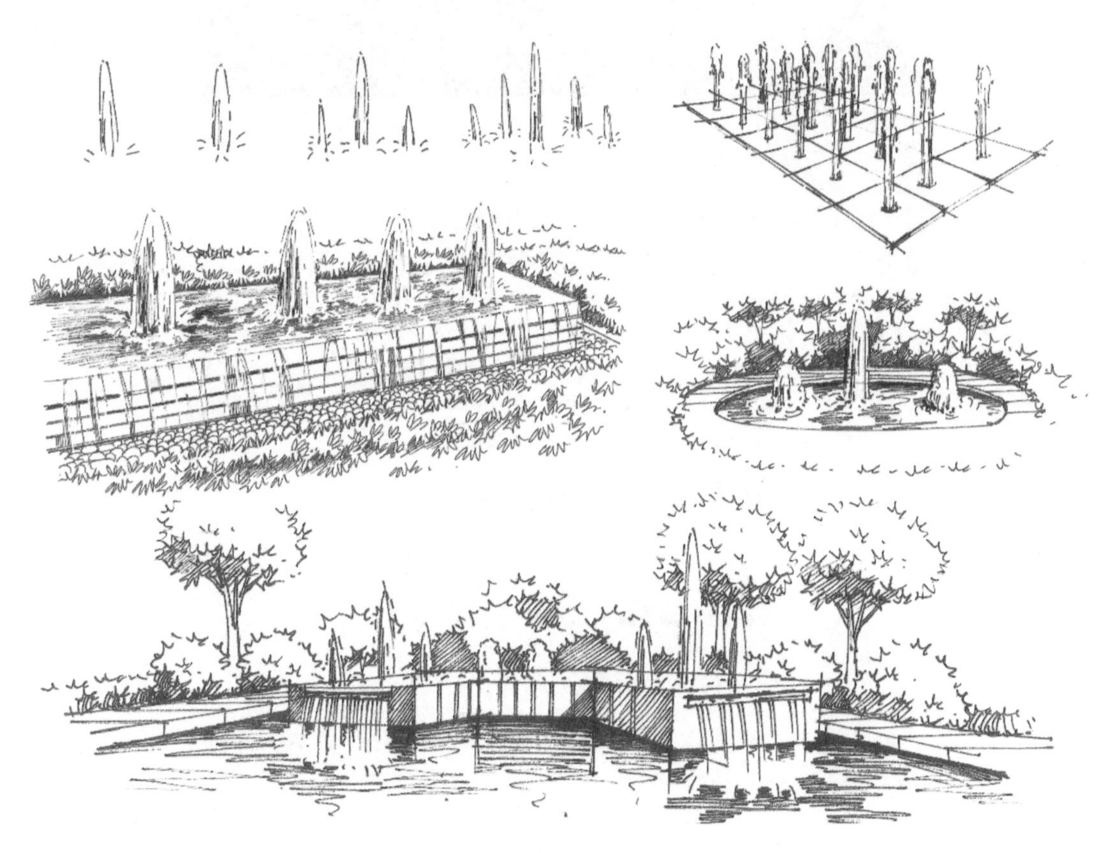

图5-127

5.2.4 景观配景——倒影

景观配景——倒影

1. 倒影概述

在景观设计中，倒影常指一种视觉效果，即通过特定设计元素或结构反射或折射出的周围环境的影像。常见倒影包括广场水景镜面倒影（见图5-128）、庭院的倒影（见图5-129）、树丛的倒影（见图5-130），以及灯光的倒影（见图5-131）等。倒影能增强景观设计的复杂性，同时能营造出一种梦幻、超现实的氛围。

图5-128

图5-129

图5-130

图5-131

2. 倒影的表现

倒影的表现常常受周边环境的影响，尤其是镜面水景，其能否成功表现往往取决于对倒影的刻画是否充分。接下来，我们将以景观设计手绘中的镜面水景倒影为表现对象，以便在后续设计中更熟练地掌握倒影的手绘表现。本案例的主要用色如图5-132所示。

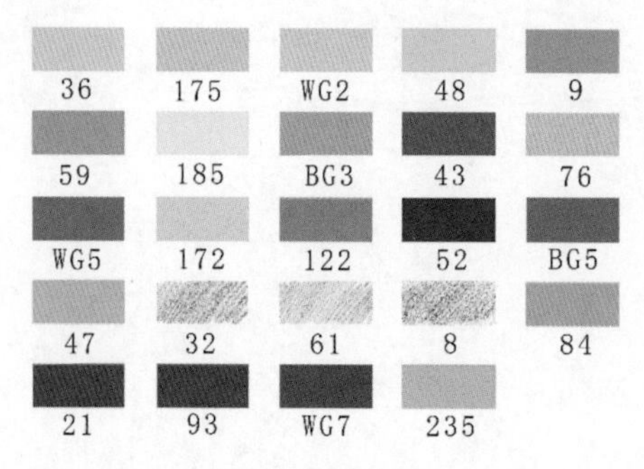

图5-132

（1）绘制景墙和种植池，大致对称表现其倒影，注意线条的硬朗和流畅，如图5-133所示。

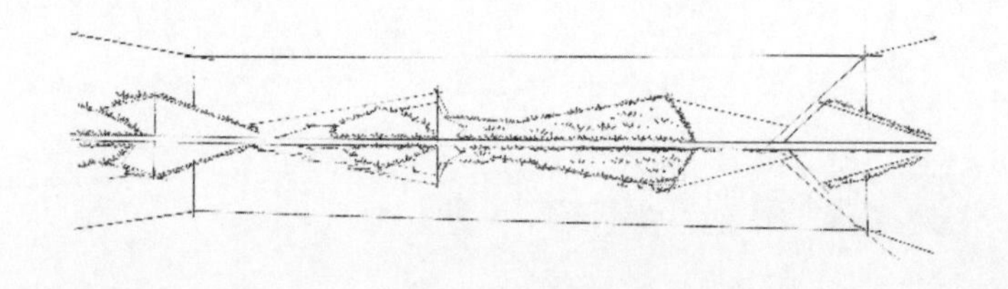

图5-133

（2）绘制背景乔木与灌木的整体造型及其部分倒影，区分乔木与灌木的明暗层次，强调前后空间关系，使画面更加立体和有深度，如图5-134所示。

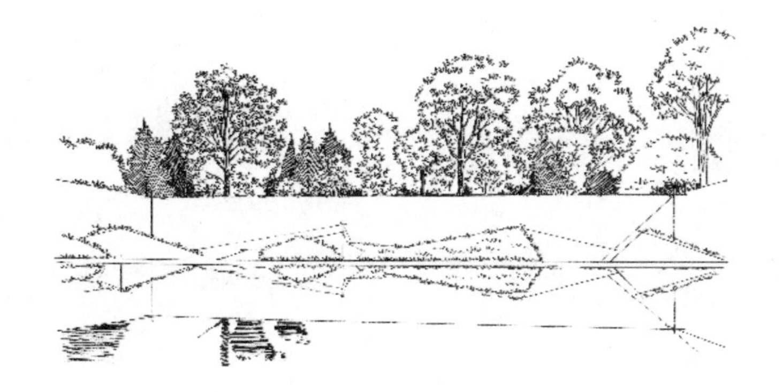

图5-134

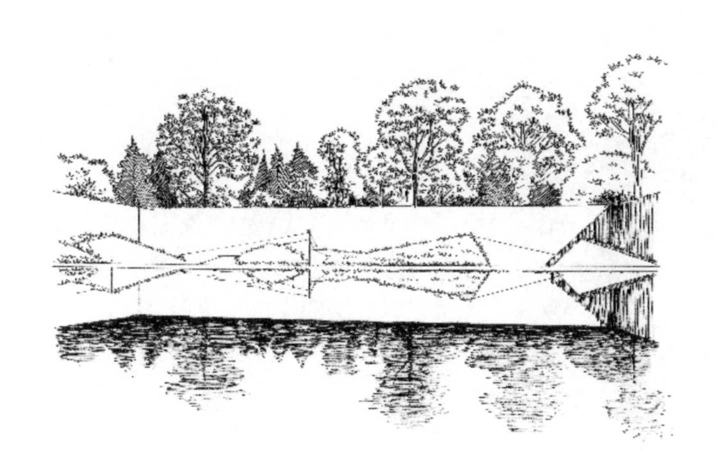

图5-135

（3）完善水中倒影，注意倒影的弱化处理，同时保持整体形态的准确，使画面更加生动，如图5-135所示。

（4）整体调整画面的明暗关系，通过排线加强背景树冠的明暗对比，使画面明暗分明，增加立体感，如图5-136所示。

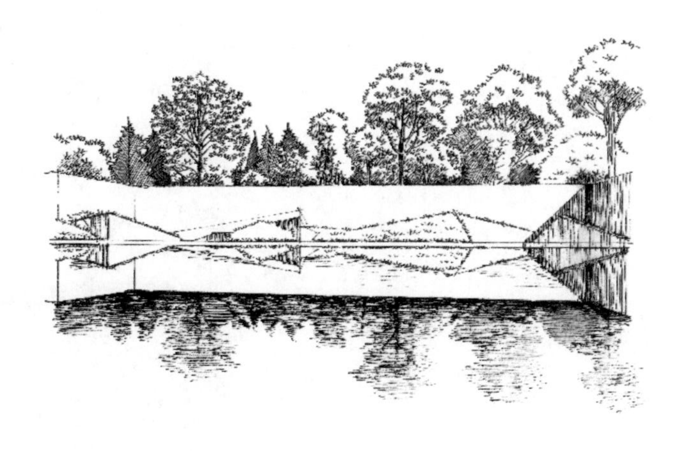

图5-136

（5）绘制出乔木与灌木冠部的色彩，注意色彩的饱和度和明度变化，水中倒影的色彩要与背景乔木与灌木树冠的色彩相呼应，以保证画面整体的和谐感，如图5-137所示。

图5-137

图5-138

（6）加强乔木与灌木、种植池的固有色表现，同时运用蓝色的马克笔统一水面色彩，通过色彩叠加让水中倒影的明度降低，使画面色彩更加丰富，如图5-138所示。

（7）运用色粉快速表现出整体天空，注意色彩的冷暖和明度变化，同时通过色粉的揉擦对水面进行过渡，使画面更加自然、和谐，如图5-139所示。

图5-139

（8）整体调整画面，强调画面的明暗交界处，用提白笔画出画面高光，使画面更加生动，如图5-140所示。

图5-140

5.3 石头与铺装配景元素

5.3.1 景观配景——石头

景观配景——石头

1. 石头概述

在景观设计中，石头不仅起到了分隔空间的作用，而且其纹理、轮廓、造型、色彩和意蕴也起到了画龙点睛的作用（见图5-141）。巧妙运用石头，可以使画面更加生动活泼、精致，并形成硬质景观与软质景观相互协调的效果，如图5-142所示。

在园林景观设计手绘中，常用的石头有太湖石（见图5-143）、千层石（见图5-144）、泰山石（见图5-145）及置石（见图5-146）等。

图5-141

图5-142

图5-143

图5-144

图5-145

图5-146

2. 石头的表现

石头作为景观设计中的重要元素之一，对于营造自然、和谐、优美的景观至关重要。在石头的表现方面，手绘具有独特的优势，能够将石头的形态、质感、色彩和纹理等细节表现得淋漓尽致。接下来，我们将以千层石作为案例表现对象。千层石是一种常见的景观石，因质地坚硬、纹理独特，常被用于假山和园林中。本案例的主要用色如图5-147所示。

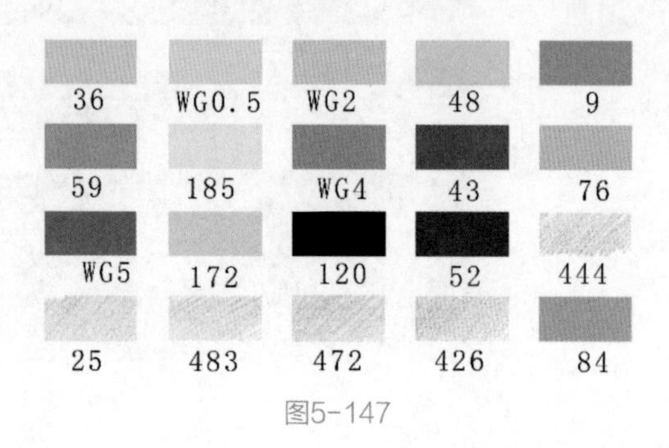

图5-147

(1) 在做整体布局时，从上至下进行绘画，需要考虑千层石的整体构图。将石头概括成几何形状，并初步勾勒出一部分石块作为后续绘画的参照，如图5-148所示。

图5-148

(2) 以上一步绘制的图形为基础，整体勾勒出千层石的造型，并初步绘制出植物，如图5-149所示。

图5-149

（3）通过排线来表现千层石的明暗关系，塑造出石头的体积感和空间感，如图5-150所示。

图5-150

图5-151

（4）调整画面，使用灵动的线条描绘出水面的阴影，如图5-151所示。

（5）使用马克笔绘制出千层石、水面及植物的亮色调，奠定画面的基调，如图5-152所示。

图5-152

（6）添加植物的固有色，并进一步加深千层石的暗部色调，再进行明暗转折处理，如图5-153所示。

图5-153

图5-154

（7）丰富水面色调，使用彩铅进行色彩的过渡，同时用彩铅描绘出天空的色调，如图5-154所示。

（8）局部丰富画面的暗部层次，调整画面的明暗关系，并使用提白笔画出画面的高光，让画面的视觉冲击力更强，如图5-155所示。

图5-155

石头线稿作品如图5-156所示。

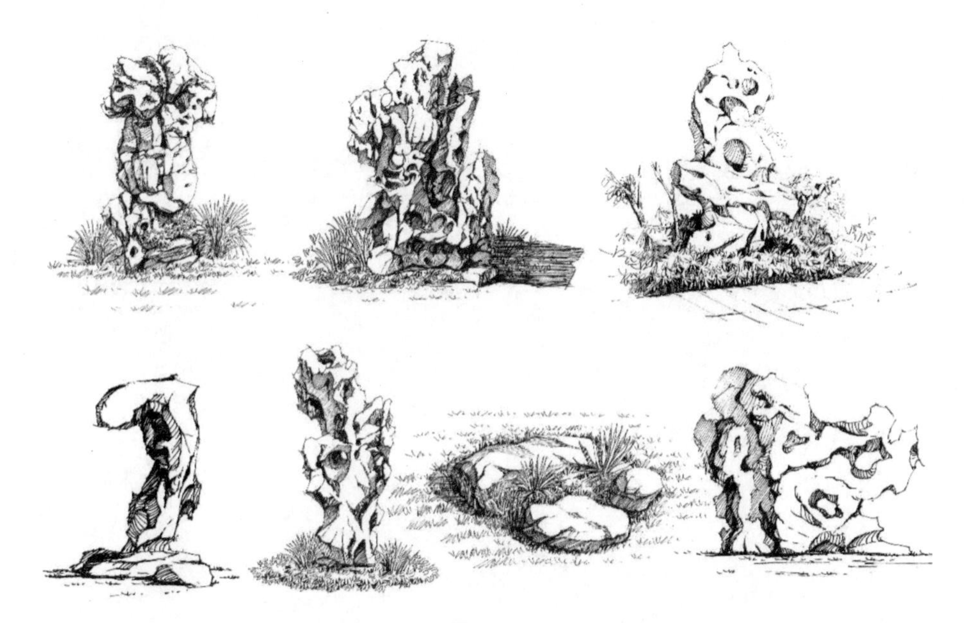

图5-156

5.3.2 景观配景——铺装

景观配景——铺装

1. 铺装概述

景观设计中的铺装是指用各种材料对地面进行的装饰，包括园路（见图5-157）、广场（见图5-158）、活动场地和建筑地坪等。色彩是铺装设计中最重要的元素之一，可以营造气氛和传达情感，合理运用色彩可以使铺装显得独特、充满活力。铺装在园林中有多重功能，可以防止尘土飞扬、承载车辆和人流，同时也可以起到组织交通、引导游览、划分空间、构成园景和集散人群等作用，如图5-159所示。

图5-157

图5-158

图5-159

2. 铺装的表现

铺装作为景观设计中的硬质元素，在使用时需要合理考虑材料选择、图案设计、色彩搭配、与环境的协调以及细节处理等方面。只有这样，手绘表现才能更加生动真实。下面以园路碎拼和卵石相结合的铺装为例进行介绍，本案例的主要用色如图5-160所示。

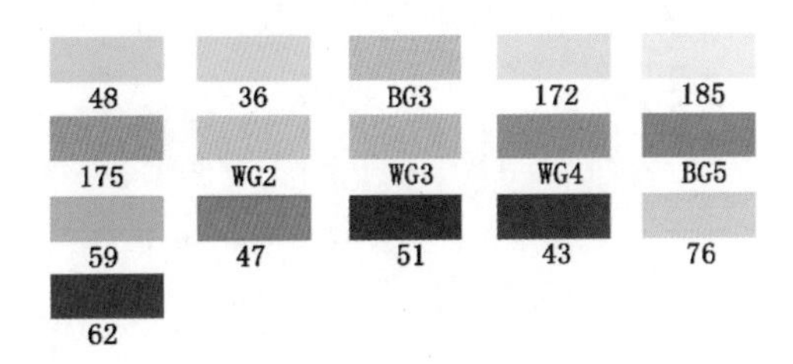

图5-160

（1）使用流畅的线条绘制园路的透视线，初步表现出前景的碎拼铺装，并合理安排置石的位置，如图5-161所示。

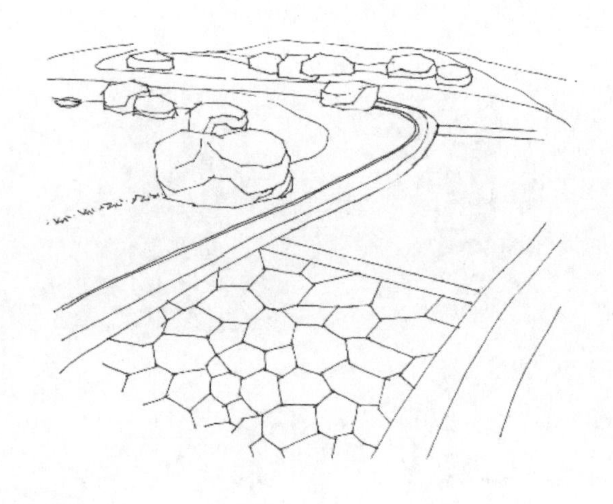

图5-161

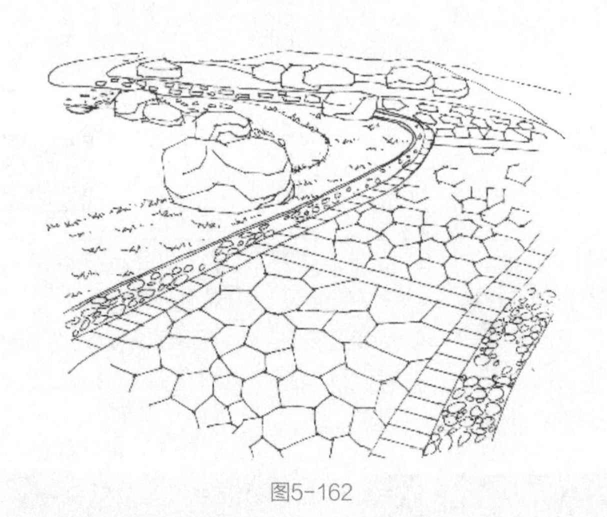

图5-162

（2）完善铺装，注意虚实处理和透视关系的把握，局部适当留白，避免画得过满，如图5-162所示。

（3）刻画置石和草坡的背光面，并绘制出水中倒影，如图5-163所示。

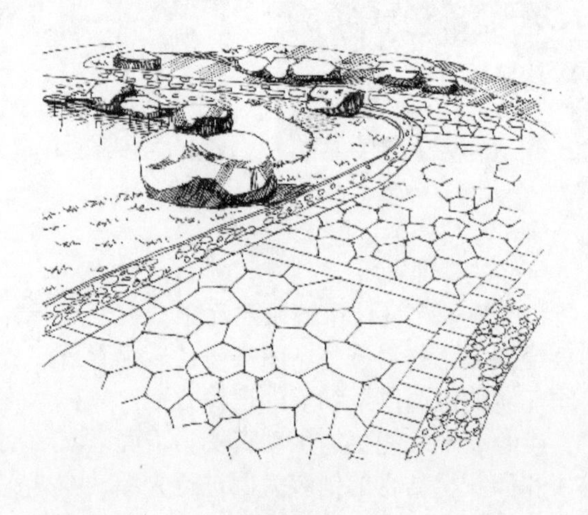

图5-163

（4）添加乔灌木、地被植物等，整体调整画面，如图5-164所示。

图5-164

图5-165

（5）使用马克笔表现乔灌木、置石、草地、地被植物、园路铺装和水面的亮部色调，奠定画面基调，如图5-165所示。

（6）加深碎拼铺装和置石的深色调，添加草地、地被植物的固有色，并完善乔灌木的整体铺色，如图5-166所示。

图5-166

（7）整体加强画面的色彩及明暗对比，并做好笔触过渡处理，如图5-167所示。

图5-167

图5-168

（8）局部调整园路铺装和水面的表现，使用提白笔画出画面的高光，使明暗对比更强烈，如图5-168所示。

5.4 车辆与人物配景元素

5.4.1 景观配景——车辆

景观配景——车辆

1. 车辆概述

车辆在景观设计中通常作为配景出现，主要作用是衬托主景，同时也经常以参照物的形式出现，如图5-169所示。然而，车辆的造型相对于其他配景来说较为复杂，绘制其流线型轮廓需要确保线条流畅、造型准确，这对于绘画者来说是一项具有挑战性的任务，绘画者需要经过长期的练习才能熟练掌握相关技巧。

图5-169

2. 车辆的表现

车辆作为景观设计中的重要元素，能够为画面增添活力，同时还可以作为参照物帮助确定画面的尺寸。在绘画过程中，我们可以将车辆概括为长方体，然后将长方体修改为流线型。这样的方法使我们在保持车辆基本形状准确的同时让其看起来更加美观和逼真，如图5-170所示。

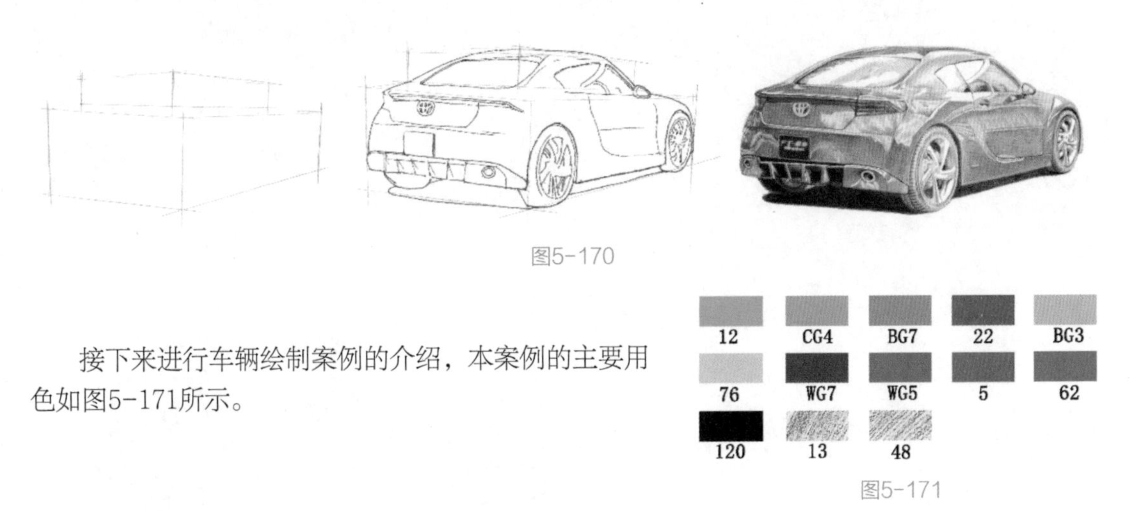

图5-170

接下来进行车辆绘制案例的介绍，本案例的主要用色如图5-171所示。

图5-171

（1）整体观察车辆造型，根据比例和形状勾勒出车辆的外轮廓，注意线条的流畅和准确，如图5-172所示。

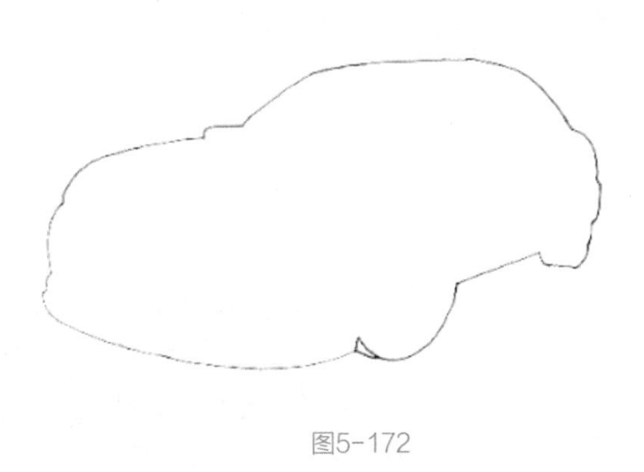

图5-172

（2）细分结构，将车窗和轮胎等细节部分的结构交代清楚，使画面更加完整和准确，如图5-173所示。

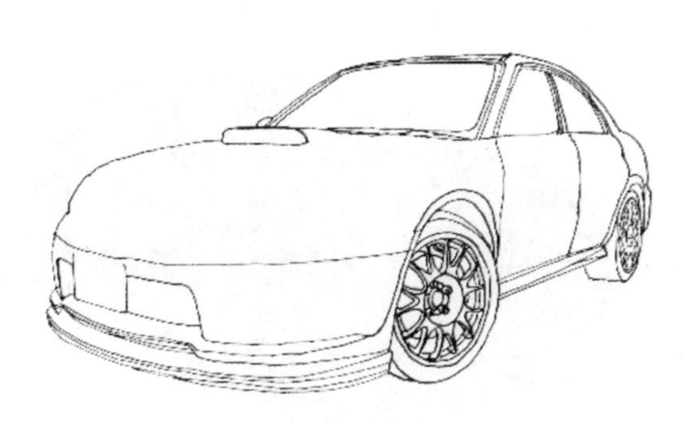

图5-173

（3）进一步细化车头的结构，将车灯和车门的分割线勾勒出来，注意透视关系的处理，如图5-174所示。

图5-174

图5-175

（4）完善车辆内饰的结构线，不必过分强调细节，将其概括性地表现出来即可，如图5-175所示。

（5）选择红色系的马克笔，晕染亮色调，为车辆奠定色彩基调，注意色彩的明暗和饱和度变化，如图5-176所示。

图5-176

图5-177

（6）加深车辆固有色、内饰的色调，加强投影的表现，同时保留车身的部分亮色，使画面更加丰富和有层次感，如图5-177所示。

（7）丰富车辆暗部层次，用彩铅丰富环境色，使车身色彩更加自然和丰富，为后续塑造更好的视觉效果打下基础，如图5-178所示。

图5-178

（8）调整画面细节，运用提白笔画出高光，表现出车身的反光和内部灯光照射的效果，使画面更加生动和立体，如图5-179所示。

图5-179

更多车辆线稿作品如图5-180所示。

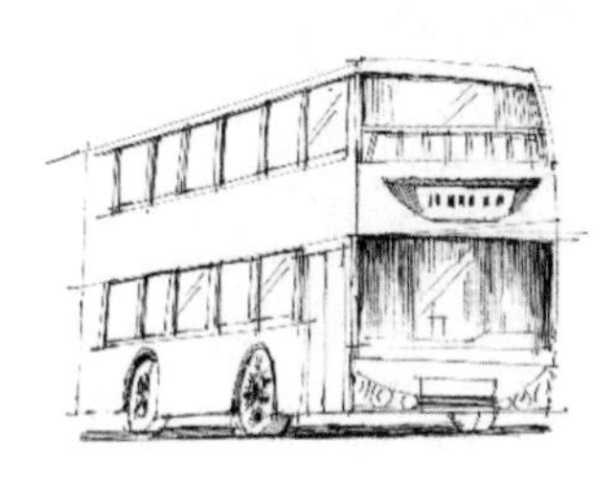

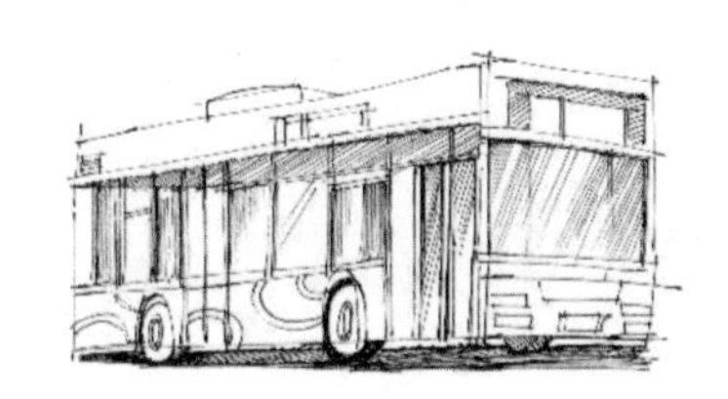
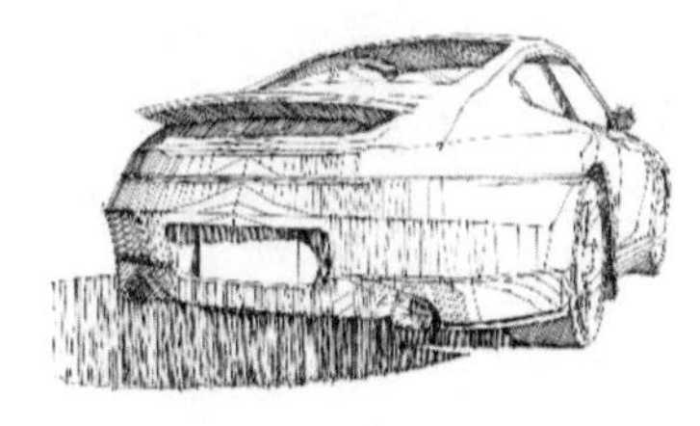

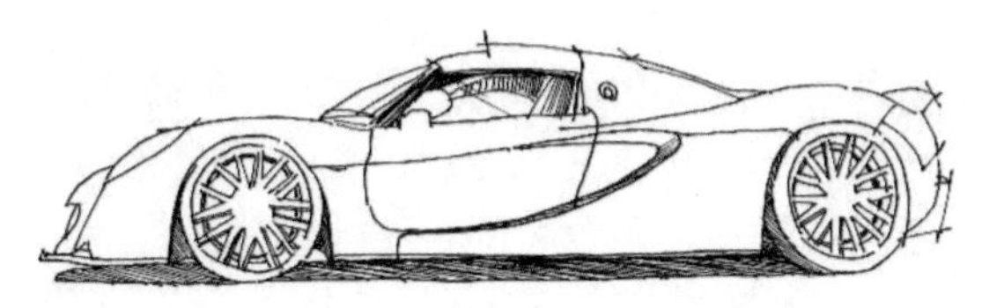

图5-180

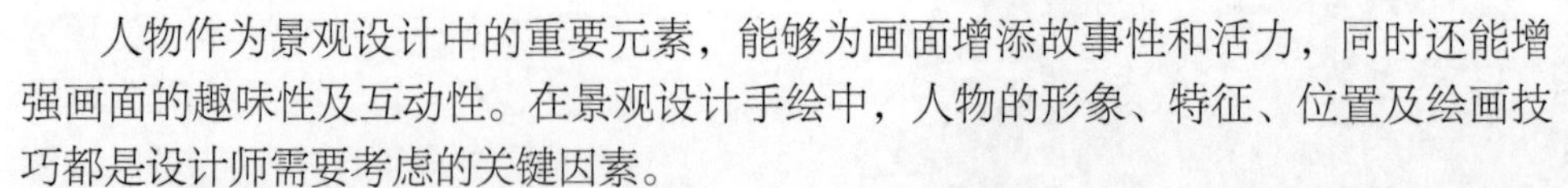

5.4.2 景观配景——人物

景观配景——人物

1. 人物概述

人物作为景观设计中的重要元素，能够为画面增添故事性和活力，同时还能增强画面的趣味性及互动性。在景观设计手绘中，人物的形象、特征、位置及绘画技巧都是设计师需要考虑的关键因素。

为了更准确地掌握人物的绘画技巧，我们首先需要全面了解人物的比例和结构。这样可以确保人物的表现更加准确和到位。接下来从5个方面说明人物比例。

（1）头身比例：以头长为基础，人物的身高通常为7.5个头长，人物坐着时的高度为5个头长，而盘坐时的高度则为3.5个头长（见图5-181）。头身比例可以根据不同年龄和性别进行调整。

（2）上半身与下半身比例：在站立状态下，上半身与下半身的比例约为1:1.5（见图5-182）。但这个比例也会因人物体形和服装等因素而有所变化。

（3）肩宽与臀宽比例：男性的肩通常比臀宽，而女性的臀宽则稍大于肩宽（见图5-183）。这个比例也需要根据具体情况进行调整。

（4）手臂长度与身高比例：手臂长度一般约占身高的一半，但这个比例也会因姿势和服装等因素而有所变化。

（5）腿部长度与身高比例：腿部长度通常约为身高的一半，但因体形和服装等因素，这个比例也会有所变化。

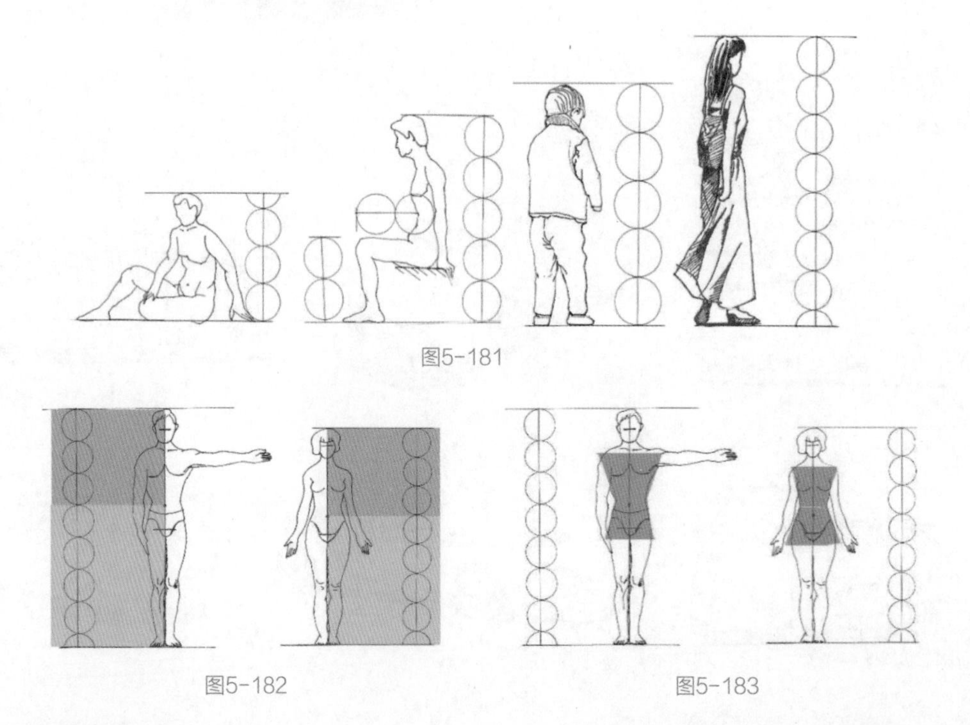

图5-181

图5-182

图5-183

2. 人物的表现

在景观设计中，人物是常见的，其不仅可以用作参考尺度，还可以活跃场景氛围。接下来，我们将深入探讨人物的表现，并学习人物线稿和色稿的绘制，以更好地掌握人物的绘制技巧。本案例的主要用色如图5-184所示。

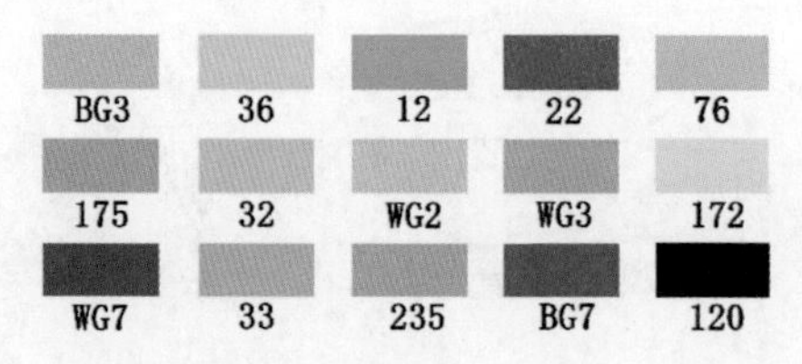

图5-184

（1）整体绘制出5个成年人的不同动态造型，需要注意人物的比例、姿势和位置等因素，以确保画面的协调性和美感，为后续绘画工作提供参考，如图5-185所示。

（2）根据参考人物的形象和特征增添人物，进一步丰富和完善画面，如图5-186所示。

图5-185

图5-186

（3）将所有人物都绘制出来，确保画面的协调性和美感，如图5-187所示。

图5-187

（4）整体加强人物的明暗对比并刻画细节，如图5-188所示。

图5-188

（5）运用马克笔将人物皮肤的色调表现出来，并局部表现出人物的服饰色调，如图5-189所示。

图5-189

（6）丰富人物服饰的颜色，服饰的颜色尽量多一些，但要注意不能太多，否则会导致画面太花，如图5-190所示。

图5-190

（7）将所有人物的服饰固有色全部表现出来，如图5-191所示。

图5-191

（8）整体调整人物服饰的明暗关系及投影，如图5-192所示。

图5-192

下面展示人物近景线稿（见图5-193）以及远景线稿（见图5-194），以备后续上色使用。

图5-193

图5-194

5.5 天空与地面配景元素

5.5.1 景观配景——天空

景观配景——天空

1. 天空概述

天空是景观设计中不可或缺的元素之一，其大小决定了画面的构图。当以地面为主要塑造对象时，可以缩小天空的面积。实际上，天空本身并没有色彩，而是阳光的照射让天空看起来像是蓝色的。清晨、中午及傍晚天空的色彩是不一样的，绘画时要注意天空在不同时间的色彩冷暖变化。清晨天空的色彩是柔和的蓝色或淡紫色，表现出平静和安宁的氛围（见图5-195）；中午天空的色彩是明亮的蓝色，表现出充满活力和热烈的氛围（见图5-196）；傍晚天空的色彩暗淡而温暖，表现出平静、祥和的氛围（见图5-197）。

在景观设计中，天空通常以抽象形式呈现，作为配景突显主景，用于拓宽画面空间，丰富层次，并增强整体设计的艺术气息。

图5-195

图5-196

图5-197

2. 天空的表现

表现天空时，我们主要以蓝天和云彩作为表现对象。为了更好地掌握天空的表现技巧，接下来将以夕阳下的天空的绘制为案例来进行分析。本案例的主要用色如图5-198所示。夕阳下的天空的色彩逐渐变深，同时云彩也染上了红色和橙色。蓝色可以表现出天空的清透和广阔，而红色和橙色则可以表现出夕阳的温暖和柔和。

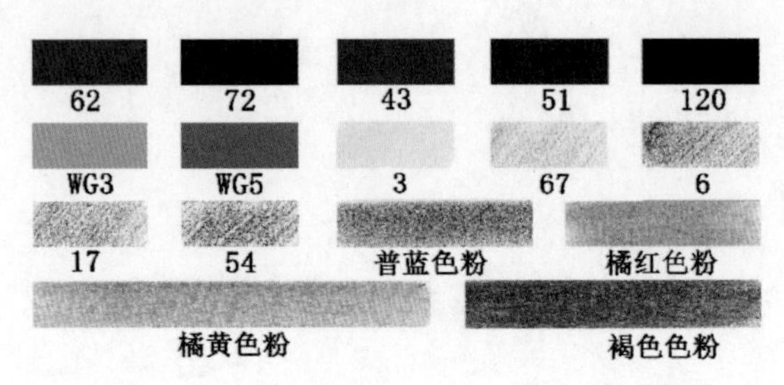

图5-198

（1）使用铅笔轻轻勾勒出云彩、远山和植物的轮廓，线条要柔和、灵活，如图5-199所示。

图5-199

（2）根据铅笔稿，加深线条，突出前景的植物轮廓，如图5-200所示。

图5-200

（3）使用色粉初步表现天空和云彩的色调，营造出傍晚的氛围，如图5-201所示。

图5-201

图5-202

（4）运用马克笔整体表现远山和前景的植物，完善画面色调的铺设，如图5-202所示。

（5）使用暖灰色的马克笔绘制云彩的背光面，突出云彩的体积感，如图5-203所示。

图5-203

（6）运用深灰色的马克笔丰富云彩的暗部层次，增强画面的明暗对比，如图5-204所示。

图5-204

图5-205

（7）使用彩铅调整画面的饱和度，丰富画面色彩并对天空和远山进行过渡处理，如图5-205所示。

（8）运用黑色的马克笔、提白笔及深灰色的马克笔，对前景植物、远山及云彩进行调整，描绘出高光，使画面更加完美，如图5-206所示。

图5-206

5.5.2 景观配景——地面

景观配景——地面

1. 地面概述

地面多指建筑物内部和周围地表的铺筑层，也指楼层表面的铺筑层（楼面）等，具有保护建筑物和楼体、美化环境和防潮、防尘等功能。

在景观设计中，地面非常重要，常见的地面类型包括运动广场铺装（见图5-207）、景观园路铺装（见图5-208）、城市广场铺装（见图5-209）及小区路面铺装（见图5-210）。这些类型的地面都有其特点和应用范围。例如，运动广场铺装通常采用防滑性能好的材料，以确保运动者的安全；景观园路铺装则注重与周围环境相协调，以营造宜人的步行环境；城市广场铺装则要求能够承受大量人和车辆的压力，同时还要美观大方；小区路面铺装则要考虑到居民的使用需求和小区的整体形象。

图5-207

图5-208

图5-209

图5-210

2. 地面的表现

地面的表现形式多样，我们在下方的案例中将主要以道路铺装为表现对象，这是在景观设计手绘中较为常见的一种地面类型。本案例的主要用色如图5-211所示。

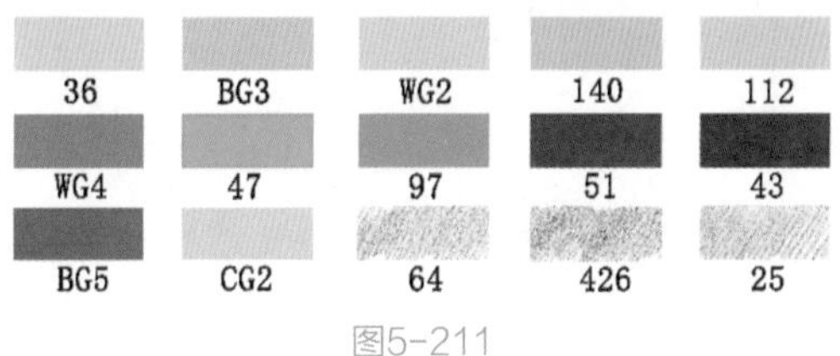

图5-211

（1）绘制出道路铺装的主要透视线，使用刚劲有力的线条来表现，如图5-212所示。

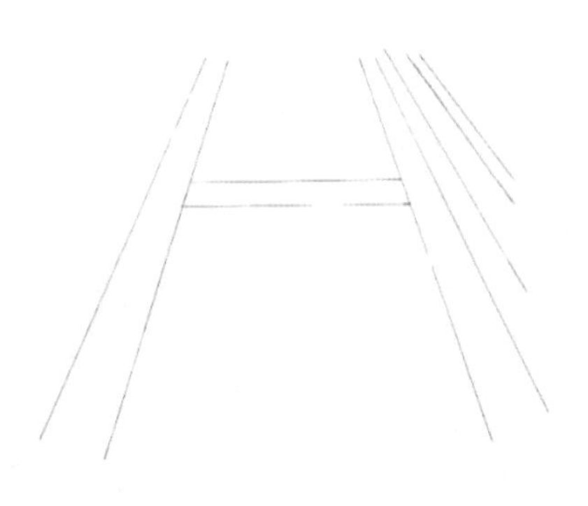

图5-212

（2）细化前景的道路铺装，清晰地描绘出透水砖的铺设情况，如图5-213所示。

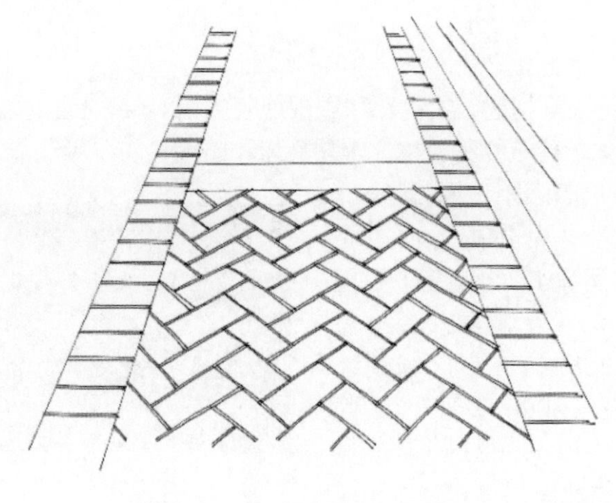

图5-213

图5-214

（3）完善道路铺装细节，使画面更加丰富和精致，如图5-214所示。

（4）补画左右两侧的绿篱和草地，让画面更加完整和生动，如图5-215所示。

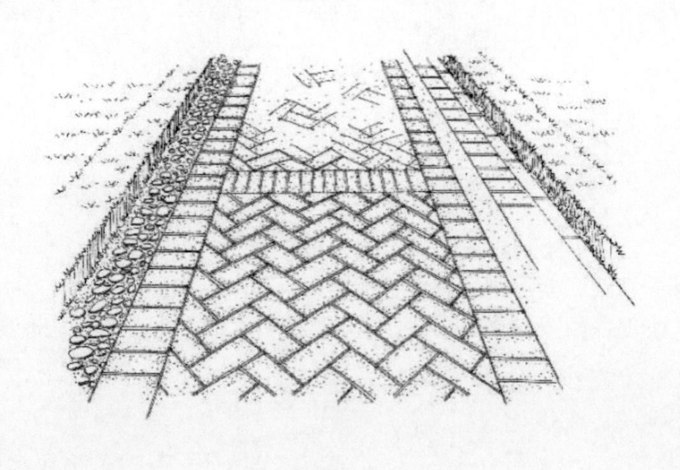

图5-215

（5）使用马克笔将道路铺装的亮色调表现出来，为了更好地营造道路铺装色彩的冷暖变化，可以先将部分透水砖留白，如图5-216所示。

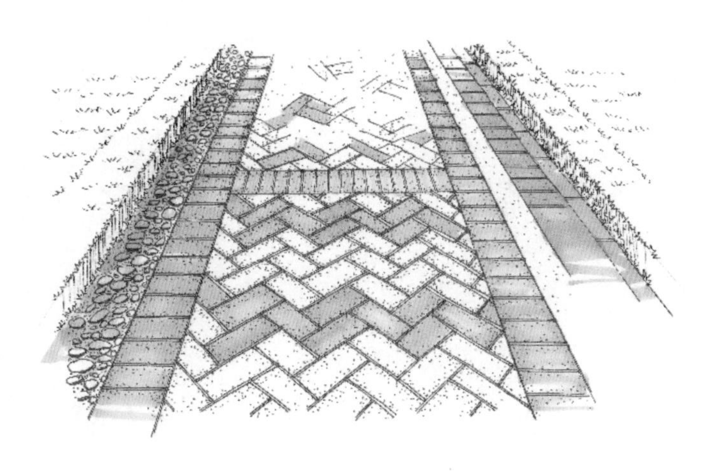

图5-216

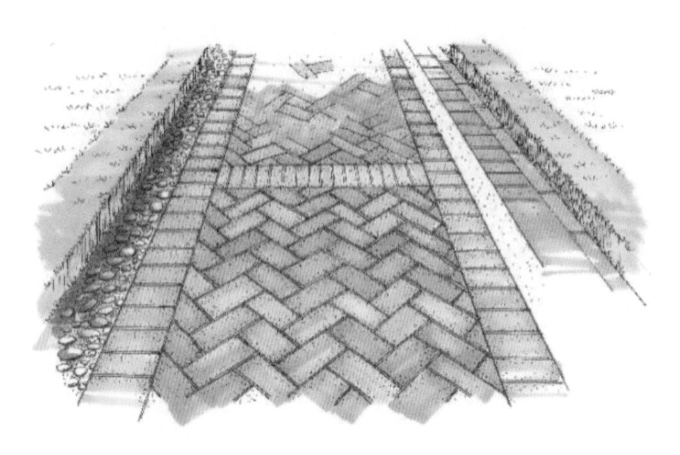

图5-217

（6）表现出绿篱的亮色，为留白的透水砖填充暖色，形成冷暖对比，如图5-217所示。

（7）加深道路铺装的固有色，并对绿篱和道路铺装的明暗变化进行深入刻画；同时，强调马克笔的笔触过渡效果，使用彩铅对草地进行刻画，如图5-218所示。

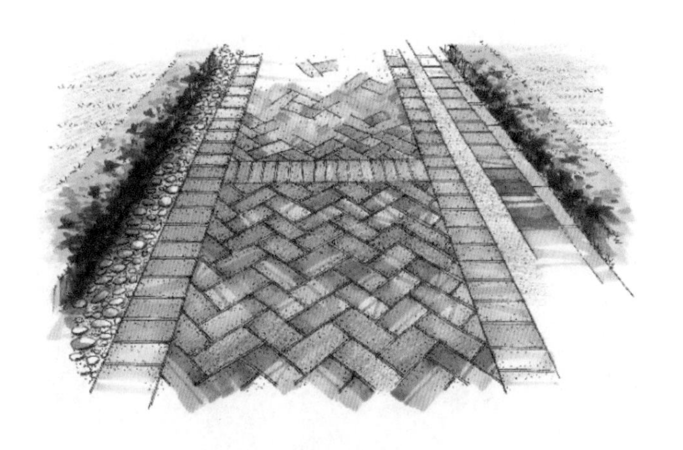

图5-218

（8）调整画面，使用提白笔画出画面高光，使整个画面更加生动和立体，如图5-219所示。

图5-219

5.6 本章小结

本章主要介绍了景观配景元素的表现方式，涉及植物、水景、石头与铺装、车辆与人物及天空与地面。通过了解不同类型景观配景元素的特点和应用场景，读者能够进一步掌握景观设计的原则和技巧，提升对景观设计的理解和运用能力，从而增强景观设计的层次感和视觉美感。同时，这对于提升个人的设计素养和审美鉴赏能力也具有积极作用。

5.7 课后实战练习

1. 动手练习，掌握不同景观配景元素的表现

通过练习，我们可以深入掌握不同景观配景元素的表现：尝试搭配植物类型，遵循配置原则；运用不同类型的水景元素，探索其表现；摆放石头和设置铺装，掌握其表现；安排车辆和人物，理解其应用；运用不同的天空和地面，烘托氛围。不断练习能使我们逐渐掌握各种景观配景元素的特点和应用场景，丰富景观设计的层次。为了提高大家对各类景观配景元素的理解和掌握程度，下面展示了一些已上色作品示例，供大家参考。

乔木作品

竹类作品

水生植物作品

涌泉作品

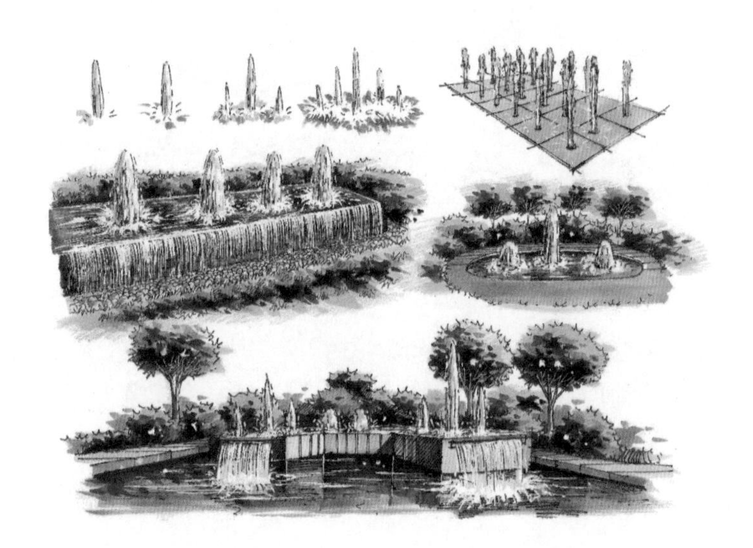

人物作品

石头作品

车辆作品

2. 尝试写生，熟练掌握景观配景元素的绘制技巧

写生可以帮助我们掌握景观配景元素的绘制技巧。写生时，我们需要仔细观察现实生活中的景观配景元素，并尝试将其绘制出来。同时，我们还可以利用照片进行写生，观察照片中的景观配景元素并尝试将其绘制出来。通过不断练习，我们可以逐渐掌握景观配景元素的绘制技巧，从而更好地进行景观设计。

第6章 景观设计效果图综合表现

本章概述

景观设计效果图综合表现主要是指营造景观空间，对景观空间中的所有景观元素进行布局，从视觉色彩、视觉形体和视觉肌理的角度出发，使观者能身临其境般地感受景观空间之美。本章主要围绕居住区、公园、别墅、立体绿化、广场、道路等呈现不同的景观空间效果图。

6.1 居住区景观空间效果图综合表现

居住区景观空间效果图综合表现

6.1.1 居住区景观空间概述

居住区景观设计主要涉及对空间关系的处理，景观设计如道路的规划、水景的组织、路面的铺砌、照明设计、小品设计、公共设施的处理等，应与居住区整体建筑风格相协调。居住区景观设计要充分体现“以人为本”的设计理念，设计师应注意整体性、实用性、艺术性、趣味性的结合。

居住区景观道路的规划（见图6-1）、水景的组织（见图6-2）、树池的设计（见图6-3）既要考虑功能性，又要考虑美观性。

图6-1

图6-2

图6-3

绘制居住区景观空间效果图时，建筑既不可草草处理，也不能过分强调。场景中的观赏性植物、小品、动态及静态水景、地面铺装等可以充当主景，如图6-4所示。观叶乔灌木、花卉和绿篱的搭配一般起视觉引导的作用，如图6-5所示。绘制居住区景观空间效果图的核心目的是营造空间感、秩序感及色彩的冷暖对比，突出主体景观。

图6-4

图6-5

6.1.2 居住区景观空间效果图表现

本案例以高层住宅为背景，以驳岸水景为主要表现对象。此类场景较常见，也是比较难把控的，因为避不开复杂的建筑。对建筑与景观空间做合理的取舍是表现好这类场景的关键。

参考图如图6-6所示。

配色如图6-7所示。

居住区景观空间效果图如图6-8所示。

图6-6

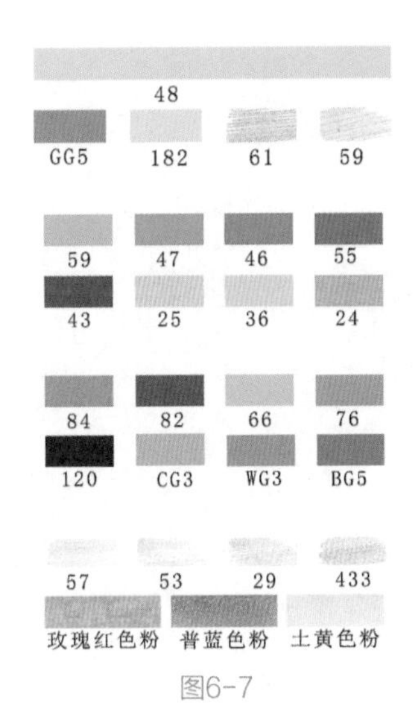

图6-7

图6-8

图6-9

（1）运用铅笔勾勒出居住区景观空间整体造型，添加人物以活跃气氛，如图6-9所示。绘制时，用笔要轻盈。基础薄弱的绘画者往往对铅笔稿有一定依赖性，对较难绘制的景物应多观察，尽量一次性将其造型画到位。

（2）用抖线将植物轮廓及其倒影概括出来，用软硬相兼的线条将景观亭和人物的造型刻画出来，如图6-10所示。

图6-10

（3）刻画背景建筑，完善水面倒影，如图6-11所示。注意，背景建筑不用过多强调明暗关系，否则容易喧宾夺主。

图6-11

图6-12

（4）整体绘制出水生植物的造型，刻画叶片的穿插关系以及倒影的形状，并用抖线刻画树冠的层次，分清树冠的前后遮挡关系，统一画面的节奏，如图6-12所示。

（5）强化画面的明暗对比，塑造空间感，统一运用竖向、斜向、横向的排线刻画，并用美工笔的宽笔头加深乔灌木枝干的暗面，以衬托主体景观，如图6-13所示。

图6-13

（6）运用Touch48、Touch59绘制出绿植的亮色及倒影，用玫瑰红色粉和Touch9绘制出红枫的亮色及倒影，如图6-14所示。第一遍亮色可以大面积绘制，注意适当留白。

图6-14

图6-15

（7）统一画面节奏，添加植物、建筑、玻璃、水体的固有色，再给景观亭、水面倒影、石头、天空上色，人物服饰要体现色彩的冷暖变化，如图6-15所示。

（8）用绿色和暖灰色马克笔强调树冠和石头的暗部及相应的水面倒影，丰富乔灌木的色彩层次，并用绿灰色马克笔调整水面的颜色，如图6-16所示。

图6-16

（9）用提白笔绘制出画面高光，高光要尽量画在暗部，这样明暗对比才更强烈；使用彩铅进行过渡处理，使画面更加柔和、统一，如图6-17所示。

图6-17

图6-18

（10）整体调整画面，丰富暗部层次，强调景观亭顶部的镂空效果，适当加深周边植物固有色；水面倒影用彩铅过渡，明暗对比要弱化，防止喧宾夺主；用蓝色马克笔局部加深背景建筑上的玻璃，完成画面的绘制，如图6-18所示。

技巧提示

注意，表现背景建筑与主体景观亭、乔灌木、石头及水生植物时要分清主次，处理方法有3种。

① 上色时背景建筑可大面积留白，如图6-19所示。

② 绘制线稿时，画出背景建筑的基本外轮廓即可，如图6-20所示。

③ 将背景建筑的明暗对比弱化，如图6-21所示。

图6-19

图6-20

图6-21

6.2 公园景观空间效果图综合表现

公园景观空间效果图综合表现

6.2.1 公园景观空间概述

当下，公园主要是供公众游览休息的园林，一般由政府修建，旨在提升公众的生活品质，可作为自然观赏区及休息游玩区，具有改善城市生态、防火、避难、休闲娱乐等功能。

公园景观一般可分为城市公园景观（见图6-22）、森林公园景观（见图6-23）、主题公园景观（见图6-24）、湿地景观（见图6-25）、专类园景观（见图6-26）、街头绿地（见图6-27）等。

图6-22

图6-23

图6-24

图6-25

图6-26

图6-27

绘制公园景观空间效果图时，我们应该对画面中的景物进行适度的调整，使画面具有美感与韵律感。景观空间效果图的表达，追求的是良好的设计理念与视觉效果，注重空间塑造与尺度把控，其中的人物往往作为尺度的一种参考，如图6-28所示。景观空间效果图的绘制必须建立在植物配置与造景、各类设计元素积累的基础之上。在植物的搭配方面，不同地域要选择合适的植物，对于热带、温带与寒带植物的配置要熟知。图6-29所示为热带植物的配置。

图6-28

图6-29

6.2.2 公园景观空间效果图表现

本案例以儿童游乐水景为题材，难点在于对整体透视关系的把握、近景与中景人物的造型以及水花的表现。

参考图如图6-30所示。

配色如图6-31所示。

公园景观空间效果图如图6-32所示。

图6-30

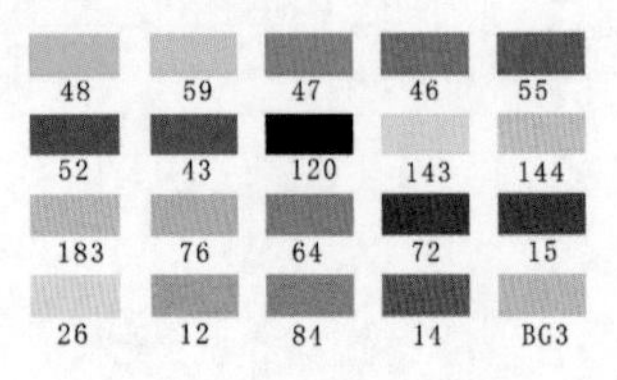

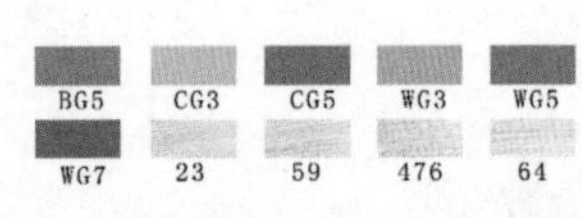

图6-31

图6-32

（1）运用铅笔勾画出乔木枝干、喷泉及人物等，处理好前景、中景、远景的关系，如图6-33所示。用铅笔勾画时，注意用笔轻盈、力度适中，尽量做到一气呵成，防止对纸面造成损伤，这也便于后续擦拭。

图6-33

（2）用针管笔绘制出前景，如图6-34所示。绘制线稿时要多观察参考图，不要一味地依赖铅笔稿，按部就班地描摹。在铅笔稿的基础上要修正形体，确保透视准确。

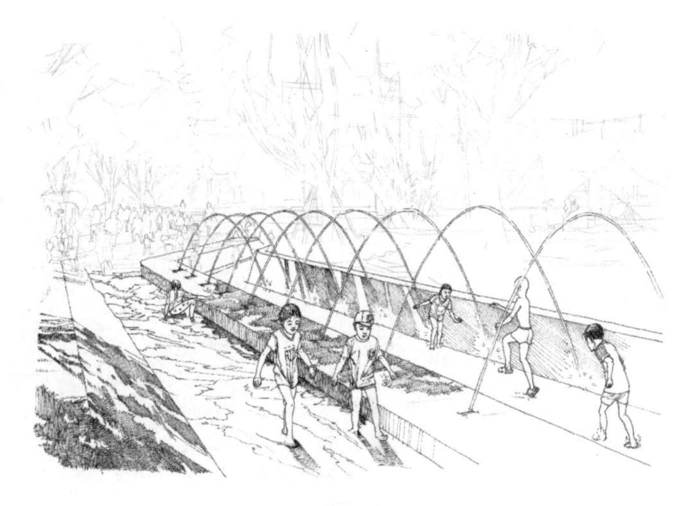

图6-34

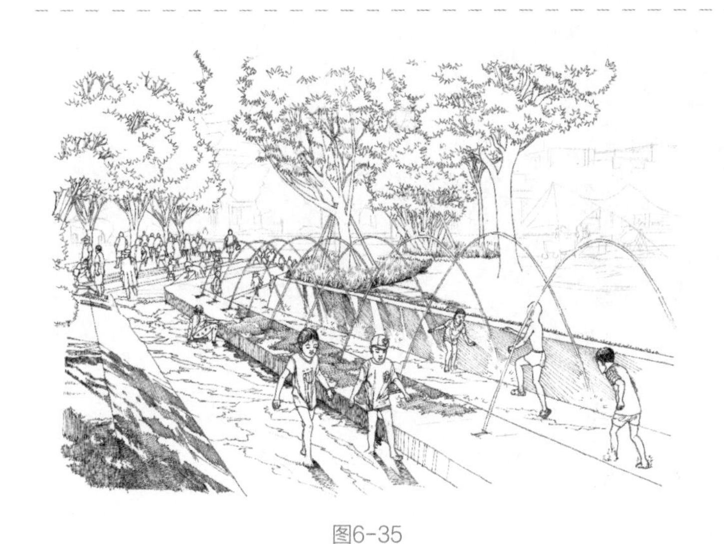

图6-35

（3）绘制出中景的部分元素，并用抖线塑造树冠的前后穿插和疏密关系，擦掉前景和中景的铅笔稿，保持画面整洁美观，如图6-35所示。应等墨水干后再擦铅笔稿，否则会弄脏画面。

（4）统一画面的节奏，绘制远景的建筑与植物、中景的草地与张拉膜的造型及暗部，用斜向线条绘制出树冠的明暗层次，并用美工笔的宽笔头加深枝干的背光面，如图6-36所示。

图6-36

（5）调整画面的明暗层次，处理好前景、中景、远景的虚实关系。加强前景的明暗对比。用美工笔的宽笔头调整树干、树冠及远景建筑的暗部，使画面明暗对比更强烈、视觉冲击力更强，如图6-37所示。

图6-37

图6-38

（6）奠定画面的色彩基调，运用绿色和蓝色马克笔绘制乔灌木、草地和水面的亮色，此时可大面积铺色，局部留白，如图6-38所示。

（7）运用冷灰色与暖灰色马克笔绘制出硬质表面的暗部，用蓝色系马克笔表现出水面的明暗层次，局部留白，以便后续表现与修改，如图6-39所示。

图6-39

（8）加深乔灌木冠部、枝干、草地和地面阴影的固有色，然后使用多种颜色的马克笔表现出人物的服饰和皮肤、建筑及张拉膜等的色调，如图6-40所示。

图6-40

图6-41

（9）使用马克笔塑造乔灌木的暗部层次及玻璃幕墙的反光效果，并丰富植物色彩和水面环境色，然后用暖灰色马克笔表现树干和张拉膜的暗部，如图6-41所示。

（10）整体调整画面，运用黑色马克笔加深树冠暗部，并用提白笔表现喷泉、溅起的水花及画面高光；使用彩铅排线作为过渡，用色粉绘制出天空和水面的过渡效果，使画面色彩和谐，色调柔和统一，如图6-42所示。

图6-42

技巧提示

在绘制儿童游乐水景这类公园景观空间时，要注意以下4点。

① 添加前景水景环境色的简单方式是使用彩铅和色粉，用马克笔添加环境色时需要注意环境色的面积大小。

② 人物比例要合理，这是检验绘画者造型能力的关键，如图6-43所示。

③ 背景建筑的玻璃幕墙概括性表现即可，如图6-44所示。

④ 表现中景乔木时要分清树冠的组块及前后遮挡关系，如图6-45所示。

图6-43

图6-44

图6-45

6.3 别墅景观空间效果图综合表现

别墅景观空间效果图综合表现

6.3.1 别墅景观空间概述

别墅景观空间属于改善型住宅景观空间，多在城市郊区、风景区以及乡村依据别墅建筑设计的一种景观环境，是供休养用的住宅景观。别墅景观空间相较于一般居住区景观空间私密性更强，对室内外设计要求更高。

中国古代就出现了别墅，如帝王行宫（见图6-46）、将相府邸（见图6-47）、富商巨贾的私家园林（见图6-48）、地主乡绅的山庄等。

图6-46

图6-47

图6-48

别墅景观按其所处的地理位置和功能的不同，分为山地别墅景观（见图6-49）、临水别墅景观（见图6-50）、牧场别墅景观（见图6-51）、庄园式别墅景观（见图6-52）等。

图6-49

图6-50

图6-51

图6-52

现代别墅景观空间从设计上来说往往比较个性化和具有一定的私密性，它常通过简单几何形体元素的穿插、搭接、叠加、咬合等形成丰富的层次与空间，给人简约而不简单的感觉，如图6-53所示。

别墅景观空间设计更强调室内空间的延伸，创造出更多的层次，设计师在绘制景观空间效果图时，要注意用笔干脆利落，表现出别墅景观空间的本质特征，如图6-54所示。

图6-53

图6-54

6.3.2 别墅景观空间效果图表现

本案例主要以山地别墅景观作为表现对象，绘制难点在于建筑整体的透视把控、建筑与坡地的角度问题、前景乔木的处理。通过本案例，我们可以学会坡地的表现技巧和疏可跑马、密不透风的植物搭配方式，为后续设计积累经验。

参考图如图6-55所示。

配色如图6-56所示。

图6-55

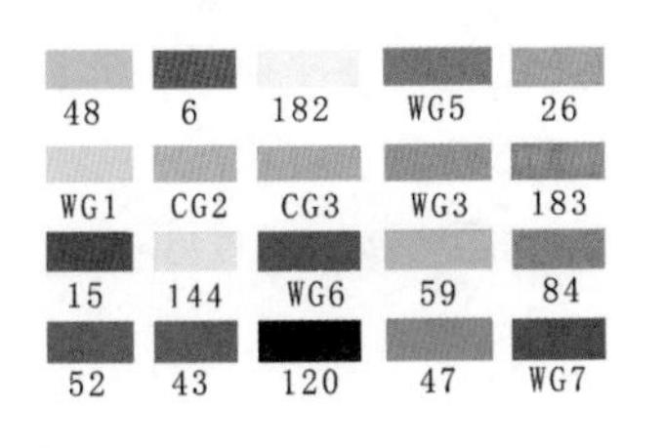

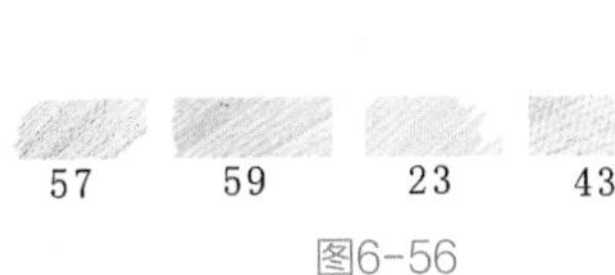

图6-56

别墅景观空间效果图如图6-57所示。

图6-57

图6-58

（1）运用铅笔整体勾画出底稿，建筑可以借助直尺绘制，将造型画准确。用笔应轻盈，以便后续修改。概括性地表现乔灌木，适当删减部分乔木，添加配景人物，这样既能活跃画面气氛，也能起到帮助观者衡量画面尺寸的作用，如图6-58所示。

（2）根据底稿快速表现出建筑的整体造型，栏杆用双线绘制，以表现出厚度；勾画出前景高大的乔木枝干，如图6-59所示。绘制线稿时要多观察，修正造型不准确的地方。

图6-59

（3）绘制出建筑墙面、坡地草坪、乔灌木投影以及人物造型，乔灌木投影以及建筑的暗部用方向同一的排线画出，草坪运用抖线或短线表现，注意疏密关系即可，如图6-60所示。

图6-60

图6-61

（4）用抖线绘制背景乔灌木的造型，并刻画树冠的前后遮挡关系，统一画面的节奏，进一步完善前景乔木的枝干，如图6-61所示。

（5）整体调整画面的明暗层次与空间关系，主要表现前景乔木枝干的明暗关系，以及别墅转折处、玻璃窗的反光效果等，完善画面，如图6-62所示。

图6-62

（6）运用马克笔给乔灌木及其他植物上色，并用深暖灰色马克笔绘制出枝干的明暗关系，如图6-63所示。

图6-63

图6-64

（7）统一画面节奏，给人物服饰上色，加深乔灌木、花卉、草坪等的固有色，用冷灰色与暖灰色马克笔表现别墅的明暗关系，用深暖灰色马克笔加深乔木枝干的暗部，如图6-64所示。

（8）细致刻画，表现玻璃窗上映射的树冠造型，用绿色系马克笔绘制出乔灌木冠部的暗部及坡地草坪的暗部，并加强人物等配景元素的表现，如图6-65所示。

图6-65

（9）调整树冠，用彩铅排线作为过渡。加深坡地上花卉的暗部，并用提白笔画出画面高光，其中玻璃窗的高光可以用斜线表现，如图6-66所示。

图6-66

图6-67

（10）整体调整画面，使用彩铅排线作为过渡，用绿色系马克笔添加玻璃窗的环境色，用色粉表现出天空的色彩，最后用黑色马克笔表现画面暗部层次，使画面明暗对比强烈，如图6-67所示。

技巧提示

① 在构图时能否准确把控视平线与消失点决定着画面的成败。可以先找到两个消失点，连接消失点即可得到视平线。基础薄弱的绘画者可以用铅笔将其绘制出来，勾完墨线后擦掉即可，如图6-68所示。

② 玻璃窗的环境色用彩铅表现，叠加亮色和灰色时，表现高光很关键，高光表现恰当能增强画面质感，如图6-69所示。

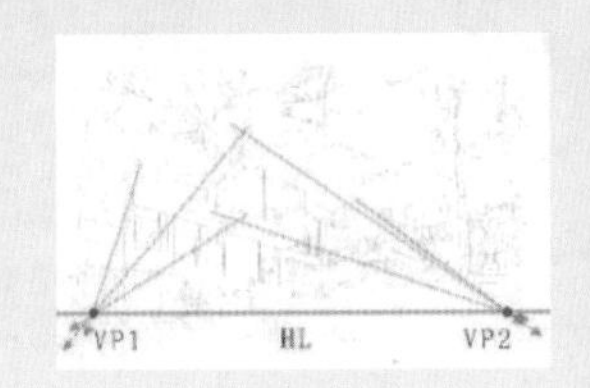

图6-68

图6-69

6.4 立体绿化景观空间效果图综合表现

立体绿化景观空间
效果图综合表现

6.4.1 立体绿化景观空间概述

立体绿化，是指充分利用不同的立体条件，栽植攀缘植物及其他植物并使其依附或者铺贴于各种构筑物及其他空间结构上的绿化方式，包括在立交桥、建筑墙面、坡面、河道堤岸、屋顶、门庭、花架、棚架、阳台、廊、柱、栅栏、枯树及各种假山与建筑设施上应用的绿化。简而言之，立体绿化是指除平面绿化以外的所有绿化。具有代表性的几种立体绿化形式为垂直绿化（见图6-70）、屋顶绿化（见图6-71）、树围绿化（见图6-72）、护坡绿化（见图6-73）、高架绿化（见图6-74）等。

图6-70

图6-71

图6-72

图6-73

图6-74

以实景图为参考，绘画时重点在于把控透视关系，刻画依附于建筑体上的植物，如图6-75所示；同时也不能忽视明暗层次和建筑透视关系，如图6-76所示。通过手绘效果图表现立体绿化景观空间时，建筑体的结构、乔灌木及花卉，是我们表现的核心部分，如图6-77所示。

图6-75

图6-76

图6-77

6.4.2 立体绿化景观空间效果图表现

绘制相对复杂的立体绿化景观空间效果图时，需要有一定的耐心，尽可能地表现好藤蔓植物，处理好两点透视关系。本案例的难点是前景白色立面构筑物结构的表现，位于视觉中心的小乔木、地被植物及建筑立面藤蔓植物是重点表现对象。

参考图如图6-78所示。

配色如图6-79所示。

立体绿化景观空间效果图如图6-80所示。

图6-78

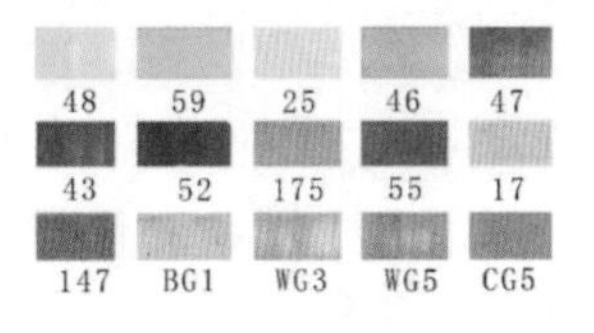

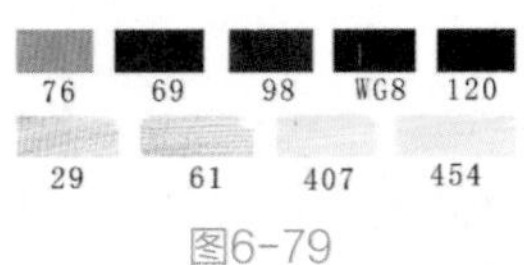

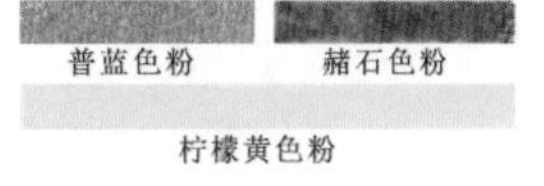

图6-79

图6-80

（1）总体布局，借助直尺确定视平线和消失点，将建筑概括成一个立方体，在此基础之上勾勒出建筑立面植物的分布区域，以及小乔木、右侧椰子树和左侧压边乔木的大体造型，如图6-81所示。

图6-81

（2）绘制藤蔓植物时，抖线的抖动幅度不要过大。小乔木造型匀称、自然美观，叶片较长，其冠部可以用带弧度的抖线绘制。勾勒出水池及建筑物的整体造型，如图6-82所示。

图6-82

图6-83

（3）着重塑造建筑立面藤蔓植物的造型，对局部进行细化，体现其与建筑的前后遮挡关系。刻画地被绿篱、地面铺装及建筑立面的细节，拉开前景铺装草地和建筑的空间层次，如图6-83所示。

（4）完善画面右侧椰子树的冠部及地面投影，注意表现椰子树冠部的前后虚实及遮挡关系。完善左侧压边乔木，用短线或者抖线表现草地的疏密关系，如图6-84所示。

图6-84

（5）统一画面节奏，整体塑造明暗关系，细化建筑立面。强调视觉中心处的小乔木、绿篱及建筑三者的空间关系。将前景铺装、草地及立面建筑物上的投影刻画到位，如图6-85所示。

图6-85

图6-86

（6）用普蓝色色粉揉擦出天空的色调，并为部分立面藤蔓植物、小乔木、绿篱、椰子树及左侧压边乔木上色，如图6-86所示。

（7）使用绿色系马克笔绘制出乔灌木的固有色及暗部层次，并用亮绿色马克笔画完整个画面的乔灌木的亮色，最后绘制出立面建筑物的色调以及树干暗部的层次，如图6-87所示。

图6-87

（8）统一节奏，塑造光感。强化地面投影和铺装的表现，塑造花朵以点缀画面，丰富乔灌木冠部的色彩，强调主景乔灌木与建筑的空间关系，如图6-88所示。

图6-88

图6-89

（9）细致刻画植物，加深树冠及树干的暗部，使画面的空间感和明暗对比更加强烈，并用彩铅进行树冠色彩的过渡及立面建筑物上环境色的添加，如图6-89所示。

（10）整体调整画面明暗关系，使用黑色和深暖灰色马克笔调整画面暗部层次，用提白笔画出画面高光，使用深蓝色马克笔绘制建筑上玻璃幕墙的暗部色调，最后调整绿篱的固有色，如图6-90所示。

图6-90

技巧提示

要表现好立体绿化景观空间，就要做好线稿表现与上色表现。

线稿表现要点：

首先，线稿基本透视要准确，找到视平线和两个消失点，如图6-91所示；

其次，区分小乔木与建筑立面藤蔓植物的空间关系，如图6-92所示；

最后，交代清楚立面建筑物的结构，如图6-93所示。

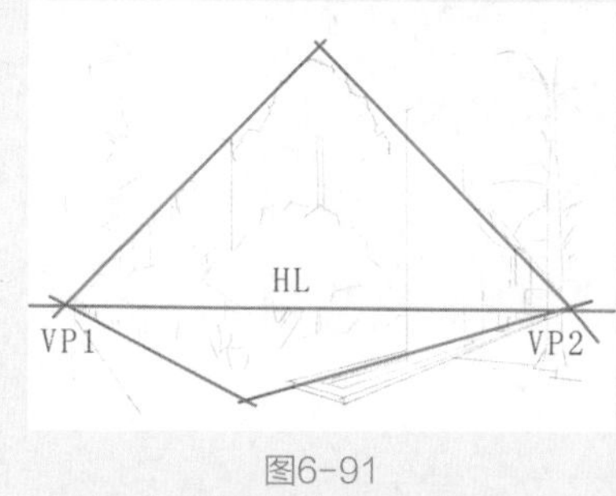

图6-91

图6-92

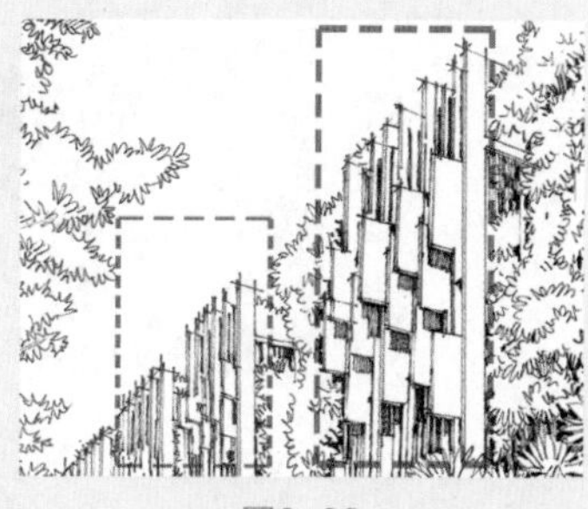

图6-93

上色表现要点：

首先，强调主体景物的前后空间关系，树冠边缘用重色压暗，如图6-94所示；

其次，表现椰子树时，靠后的树冠要概括处理，并用灰色系进行调整，如图6-95所示；

最后，前景的投影要透气，局部要留白，如图6-96所示。

图6-94

图6-95

图6-96

6.5 广场景观空间效果图综合表现

广场景观空间效果图综合表现

6.5.1 广场景观空间概述

广场景观是围绕广场规划设计的景观，包含建筑、小品、植物、水景、雕塑、铺装等元素。人们在居住区、公园、商业区、街头绿地等，常常见到小型的休憩广场，如居住区小型广场（见图6-97）、公园小广场（见图6-98）、商业区下沉广场（见图6-99）、街头绿地人群集散小广场（见图6-100）等。

图6-97

图6-98

图6-99

图6-100

相对大型的城市广场可承载城市中的人们进行政治、经济、文化等活动，通常是大量人员、车辆集散的场所。城市广场中或其周围一般布置着重要建筑物，这往往能集中体现城市的艺术面貌和特点。广场中应有一定的景观，空空如也的场地不能称为广场。

广场不论形状如何，总有一个设计主题和理念。如深圳市民广场（见图6-101）就体现了深圳是一个“大鹏展翅”的地方，一直飞翔在改革开放的浪尖，引领改革开放的浪潮。天安门广场（见图6-102）以广场中轴线作为设计重心，在中轴线上布置了高耸的人民英雄纪念碑和雄伟庄严的毛主席纪念堂，并与正阳门相对应，两侧则布置了人民大会堂和中国国家博物馆，使广场围合成为大尺度的空间。另外，天安门至人民英雄纪念碑之间深长而宽广的砌石地面与周围松柏的围合设计，使天安门广场的艺术效果更加突出。济南泉城广场（见图6-103）已经成为济南的商业中心，这里有许多购物中心、餐厅和娱乐场所，这里的商业氛围逐渐成了济南的一张名片。济南泉城广场建筑风格多样，汇聚了中国传统建筑和现代建筑的元素。

广场按功能分为公共活动广场、集散广场、交通广场、纪念性广场和商业广场，兼有上述几种功能的称为综合性广场。

图6-101

图6-102

图6-103

6.5.2 广场景观空间效果图表现

本案例以佛山金凤凰广场作为表现对象，绘制难点在于整体透视关系的把握以及背景建筑造型的补充完善。前景、中景、远景3个层次的虚实和色彩关系的表现为重点，广场上的地面铺装、绿化等要概括处理。

参考图如图6-104所示。

配色如图6-105所示。

图6-104

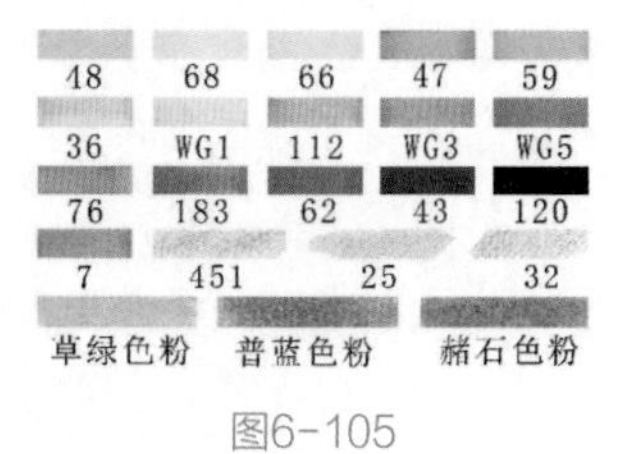

图6-105

广场景观空间效果图如图6-106所示。

图6-106

（1）运用铅笔整体绘制出广场景观空间，将广场建筑、植物、广场立柱及广场铺装区域等区分开即可，如图6-107所示。

图6-107

（2）根据铅笔底稿表现出广场的透视关系，并将前景亭廊绘制出来，作为后续绘制的参照，如图6-108所示。

图6-108

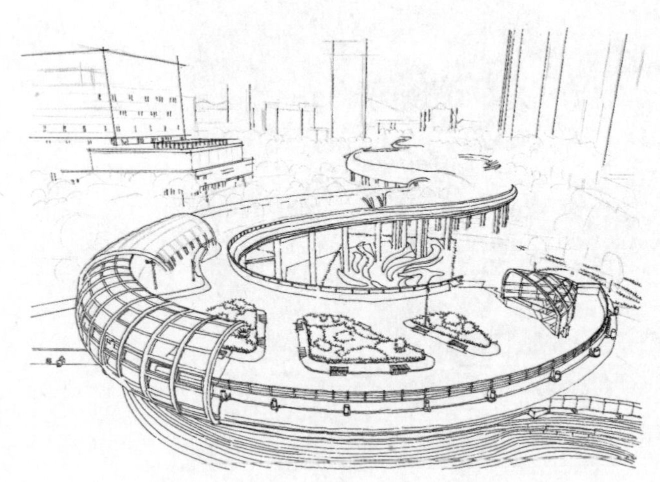

图6-109

（3）根据前景亭廊，绘制中景建筑及前景花坛等，如图6-109所示。

（4）绘制出植物及远景建筑和远山，刻画细节使远景和前景形成强烈的明暗对比，如图6-110所示。

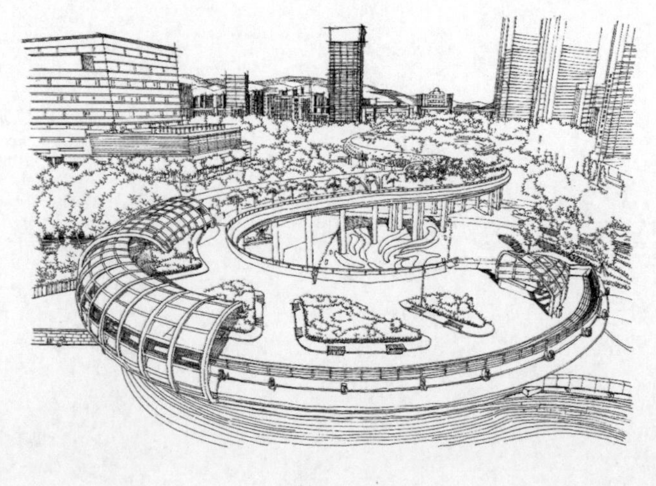

图6-110

（5）调整画面的明暗关系，将前景与中景景物的背光面整体加深，让视觉空间进一步扩展，空间透视感更强，如图6-111所示。

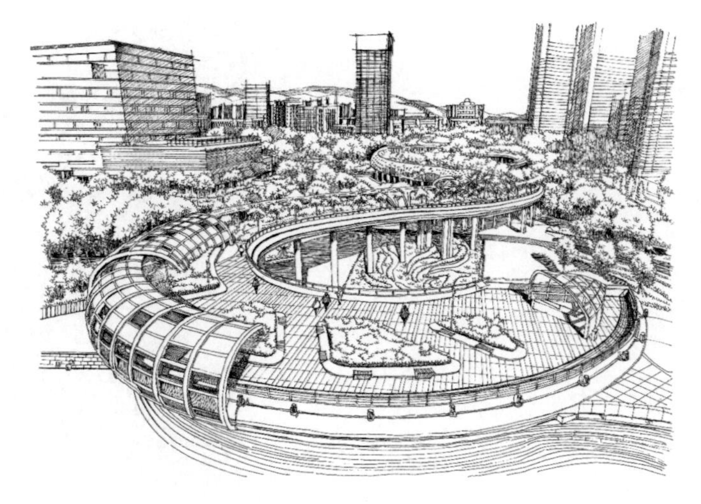

图6-111

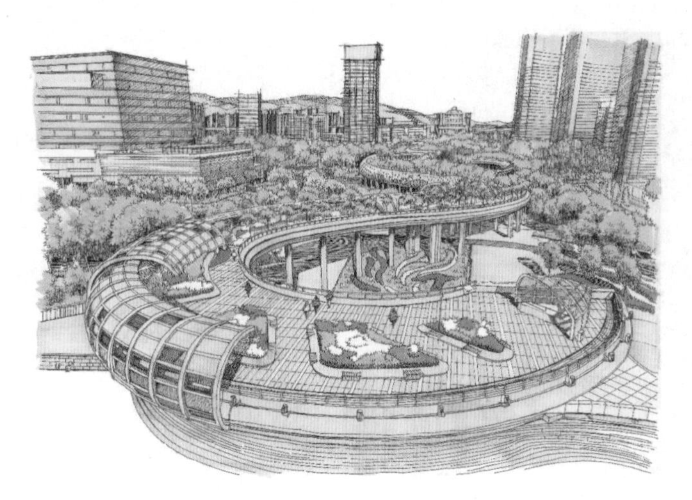

图6-112

（6）运用亮色马克笔为整个画面铺第一层色彩，奠定基调，如图6-112所示。

（7）加深画面中景物的固有色，加深树冠的明暗交界线及暗部，加强亮部和暗部的对比，如图6-113所示。

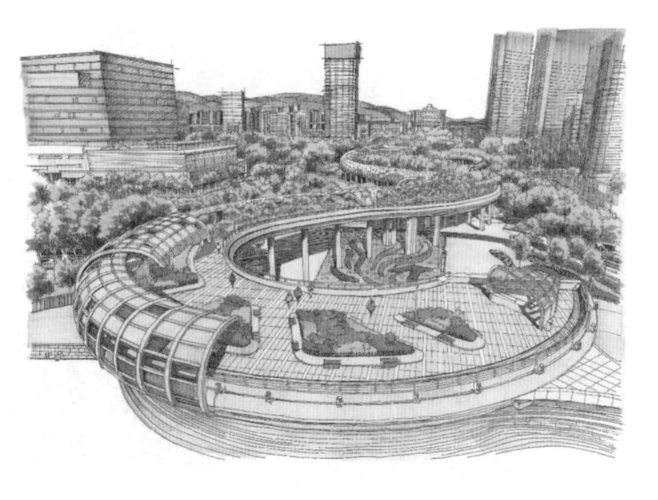

图6-113

（8）运用色粉对背景天空和前景水面进行表现，并局部调整画面细节，统一画面节奏，如图6-114所示。

图6-114

图6-115

（9）整体调整画面细节，使用提白笔画出高光，让画面明暗对比更强，如图6-115所示。

（10）运用彩铅过渡，局部使用黑色马克笔调整画面的明暗关系，并进一步用彩铅刻画前景广场铺装，让画面更精致美观，如图6-116所示。

图6-116

技巧提示

表现此景观时，绘画者要注意4个方面的问题。

① 准确把握整体的透视与构图，如图6-117所示。

② 前景广场的造型可以通过椭圆形进行概括表现，如图6-118所示。

③ 前景、中景、远景3个层次的虚实和色彩关系的表现为重点，前景色彩可以丰富一些，如图6-119所示。

④ 广场铺装的划分比例不宜过大或者过小，可以根据人物比例而定，如图6-120所示。

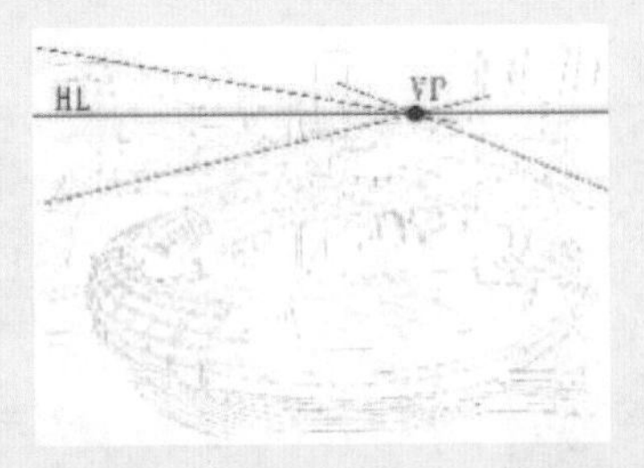

图6-117

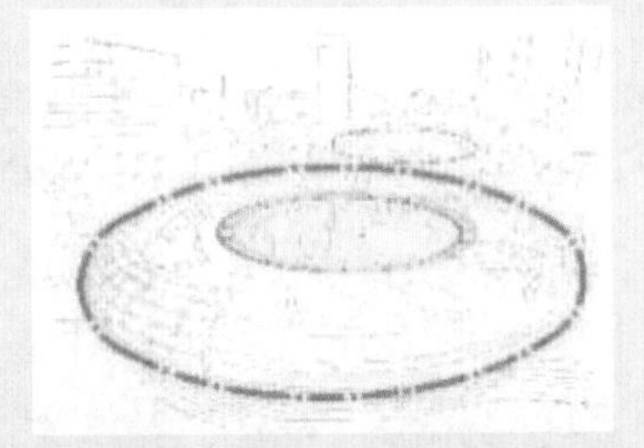
图6-118

图6-119

图6-120

6.6 道路景观空间效果图综合表现

道路景观空间效果图综合表现

6.6.1 道路景观空间概述

从美学角度出发，狭义的道路景观空间设计，一般要充分考虑路域环境与自然环境的协调，让驾乘人员感觉安全、舒适、和谐（见图6-121）。道路景观设计可以美化环境，使不同道路风格鲜明，其以绿化为主要措施来修复自然环境，并通过对沿线风土人情、人文景观的表现，增加路域环境的文化内涵，做到外观形象美（见图6-122）、环保功能强、文化氛围浓。

而广义的道路景观空间的范畴较广，包含城市大道、公园游路（见图6-123）、居住区道路、旅游度假区道路（见图6-124）等。

较常见的就是居住区道路和公园游路的设计，这类设计以乔灌木、花卉、石头、铺装及景观小品的组合搭配，来达到围合空间、美化空间节点的效果。如居住区道路（见图6-125）先是以硬质铺装、景观小品、水景，以及植物的点缀组合而成的空间，行人在此空间行走可感到心旷神怡。紧接着主要是以绿色植物围合而成的空间（见图6-126），并以景观构筑物和景观小品作为补充，整个空间十分饱满。最后以花卉为主，通过分层体现整体景观空间（见图6-127）。沿着道路，以草坪与地被花卉为第一层，第二层主要以小灌木作为过渡，第三层是木本花卉，第四层就是大乔木，这样的道路景观设计充满了诗情画意，能实现步移景异。

图6-121

图6-122

图6-123

图6-124

图6-125

图6-126

图6-127

6.6.2 道路景观空间效果图表现

本小节以现代居住区道路规划设计作为道路景观空间效果图表现案例。现代居住区的道路设计主要是以几何形体的树池和道路为规划，高差的处理和人流为引导，镜面水与涌泉为搭配，结合极简的黑白灰色调，给人干净简洁的感觉。绘制要点如下：首先，透视关系的推敲是关键；其次，区分前景、中景以及远景中的植物造型，做好色调搭配，通过虚实关系处理突出画面的视觉中心；最后，几何形体的树池采用硬直线表现，这样能更好体现其质感。

参考图如图6-128所示。

配色如图6-129所示。

道路景观空间效果图如图6-130所示。

图6-128

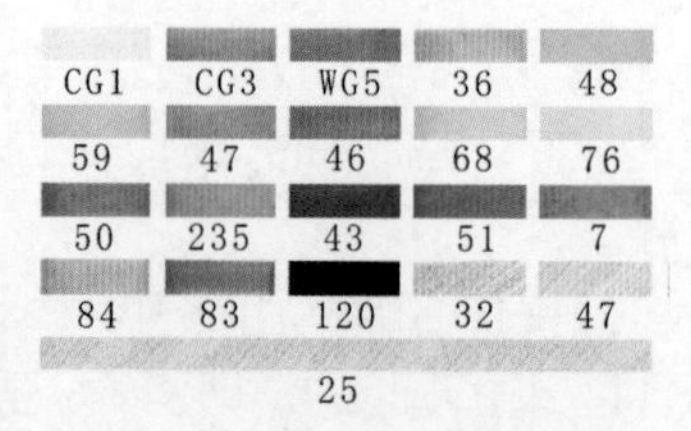

图6-129

图6-130

（1）使用铅笔整体布局，大致确定道路旁的景观树池、台阶、乔灌木及建筑的造型，如图6-131所示。

（2）根据铅笔底稿，从前景往后推移绘画，先将前景乔灌木和台阶绘制好，作为后续绘制的参照，如图6-132所示。

图6-131

图6-132

图6-133

图6-134

（3）绘制出中景乔灌木、水景、树池，并绘制出建筑的局部框架，如图6-133所示。

（4）绘制出远景乔灌木并细化画面，通过排线强调画面的明暗关系，如图6-134所示。

（5）使用美工笔的宽笔头加深乔灌木的暗部，要注意保证暗部的透气感，如图6-135所示。

（6）使用马克笔将草地和前景植物的亮色快速表现出来，并在中景和前景合理安排几株红枫，突出画面的视觉中心，如图6-136所示。

图6-135

图6-136

（7）给整个画面铺色，区分不同植物的冷暖关系和明暗关系，并进一步用灰色系马克笔表现出树池投影，如图6-137所示。

（8）丰富画面的暗部层次，用深灰色马克笔进一步加深背光面及投影，使画面明暗对比更强，如图6-138所示。

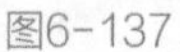

图6-137

图6-138

图6-139

图6-140

（9）丰富树冠的色彩，运用绿色系马克笔进行色彩过渡处理，并用提白笔画出高光，完善红枫的细节，让画面节奏统一，如图6-139所示。

（10）整体调整画面细节，加深水面和遮阳伞的暗部，最后使用彩铅整体过渡，让画面更加和谐自然，如图6-140所示。

技巧提示

绘制这类不规则的道路景观空间时需要注意以下4点。

① 仔细观察，将整体透视关系画准，如图6-141所示。

② 注意前景、中景及远景的虚实关系处理及不同植物的造型和色调搭配，如图6-142所示。

③ 采用硬直线表现几何形体的树池，能更好体现其质感，如图6-143所示。

④ 运用美工笔的宽笔头塑造植物的暗部层次，如图6-144所示。

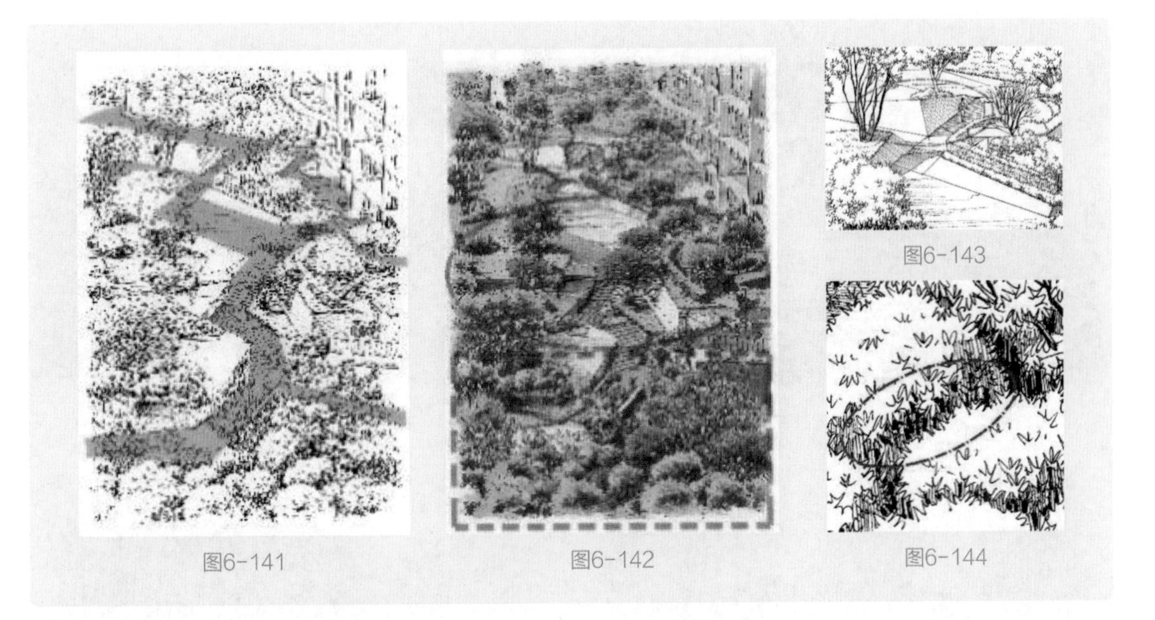

图6-141 图6-142 图6-143 图6-144

6.7 本章小结

本章主要讲了居住区景观空间、公园景观空间、别墅景观空间、立体绿化景观空间、广场景观空间、道路景观空间的基础知识，以及相关案例绘制过程；通过每一个案例后的技巧提示，清楚阐述了每一类景观空间效果图绘制的重点和难点，给出相关的指导性建议，让读者在具体绘制过程中少走弯路。

6.8 课后实战练习

1. 综合空间临摹

接下来展示几幅综合空间作品以供绘画者临摹与学习。所有的表现技法和形式都只是设计的手段，而真正成功的设计离不开我们对设计的思考，以及对基础元素的积累和实战练习，多阅读设计类的书籍，这样我们才能在设计这条道路上更快速地成长。

2. 实景图写生

收集实景图进行写生有两个好处，一是能积累设计素材，二是能开拓自身的眼界。我们应根据自身的实际情况和兴趣偏好进行收集，毕竟兴趣是最好的老师。一般情况下收集清晰度高、难度中等的实景图即可，清晰度高便于绘画时看清细节，难度适中才能激发兴趣，一开始就绘制难度极高的作品，会让基础薄弱的绘画者产生焦虑与恐惧情绪，进而丧失兴趣。

第 7 章

景观设计方案快速表达

本章概述

本章主要探讨如何高效呈现景观设计方案，包括景观设计平面图绘制、剖立面图绘制、鸟瞰图绘制及分析图绘制等。景观设计方案的高效呈现有利于设计师向客户、合作伙伴及同事快速展示自己的设计理念，推动合作和沟通的顺利进行。

7.1 景观设计平面图绘制

7.1.1 景观设计平面图绘制要点

1. 总平面图的绘制要点

总平面图的绘制主要围绕以下5个方面展开。

（1）理解和应用总平面图中的图例符号：在绘制总平面图前，我们需要了解并熟悉总平面图中使用的图例符号，这包括图名、比例尺、图例及其他文字说明的标准范例。这是确保绘图精确性的基础，也有助于准确表达总平面图中的各种元素和信息，如图7-1所示。

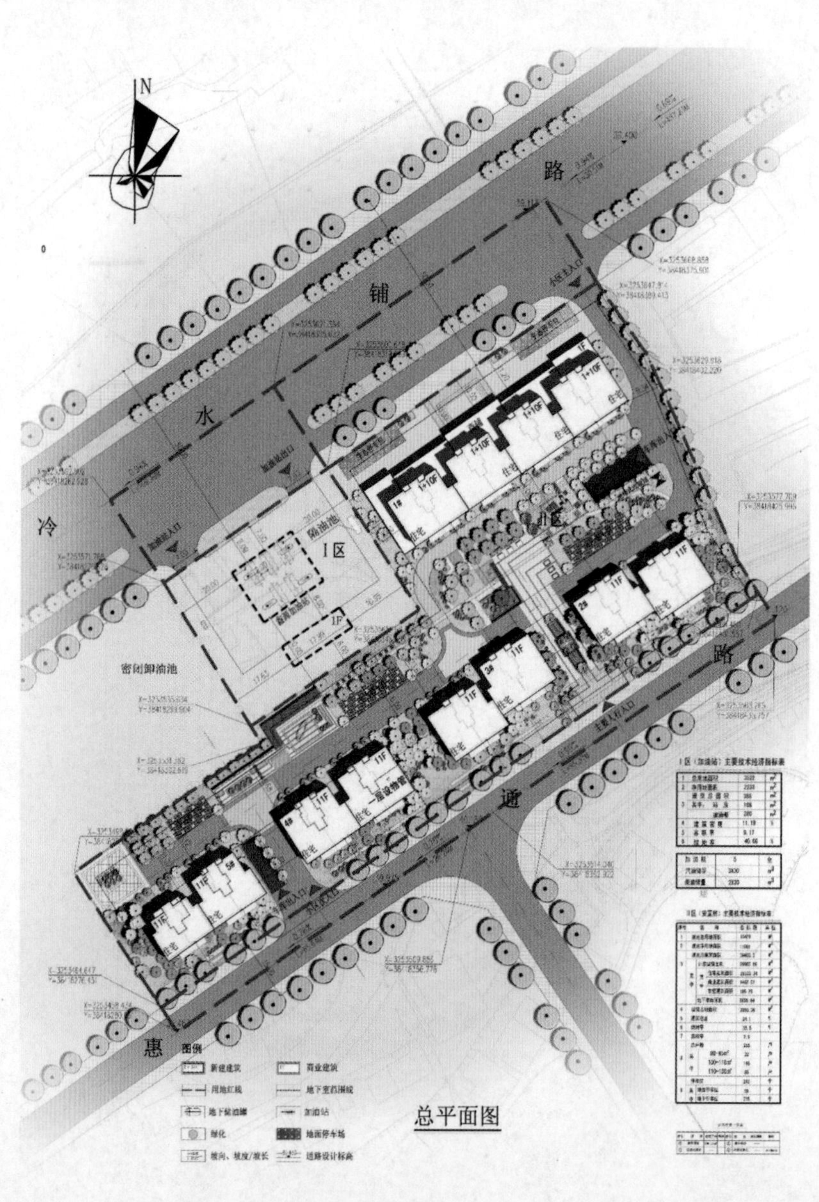

图7-1

（2）了解景观用地的性质、范围、地形地貌与周边环境等情况：了解这些关键信息对景观设计至关重要，它直接影响着景观的设计、功能布局、视线分析及环境因素等。

（3）绘制图形：在了解并掌握了相关信息后，可以进行绘图工作。绘图时要严格遵守图例要求，例如新建建筑要用粗实线绘出水平投影外轮廓，原有建筑要用中实线绘出水平投影外轮廓，等等。此外，对于建筑的附属部分，如散水、台阶、水池、景墙等，需要用细实线绘制，若这些部分在特定情况下可忽略则可不画。种植图例可以依照种植常用图例符号进行绘制。

（4）标注定位尺寸或坐标网：完成图形绘制后，需要标注定位尺寸或坐标网，以确保总平面图的精确性和可读性。

（5）绘制比例尺、风玫瑰图，注写标题栏，以帮助观者更好地解读总平面图。

总平面图由于展示的区域较大，一般采用较小比例绘制，如1：300、1：500、1：1000。图中长度单位为米，比例尺常用线段比例尺表示，如图7-2所示。为了精确地表现总平面图，可以通过CAD导出平面图，然后采用色块填充（见图7-3）。

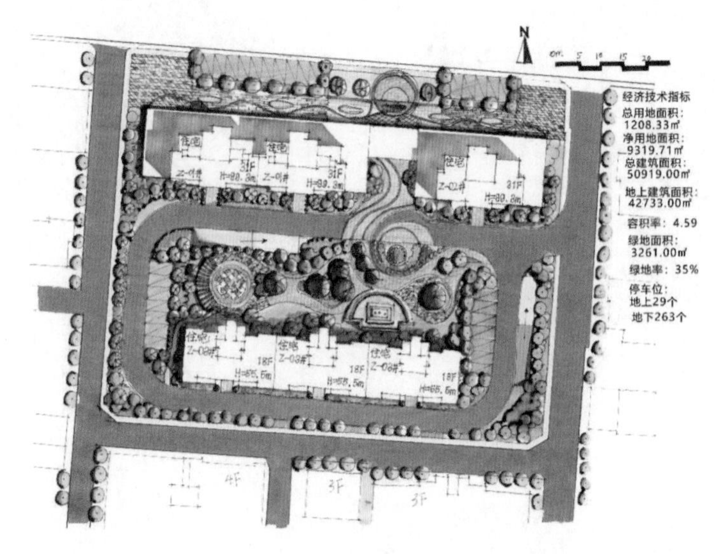

图7-2

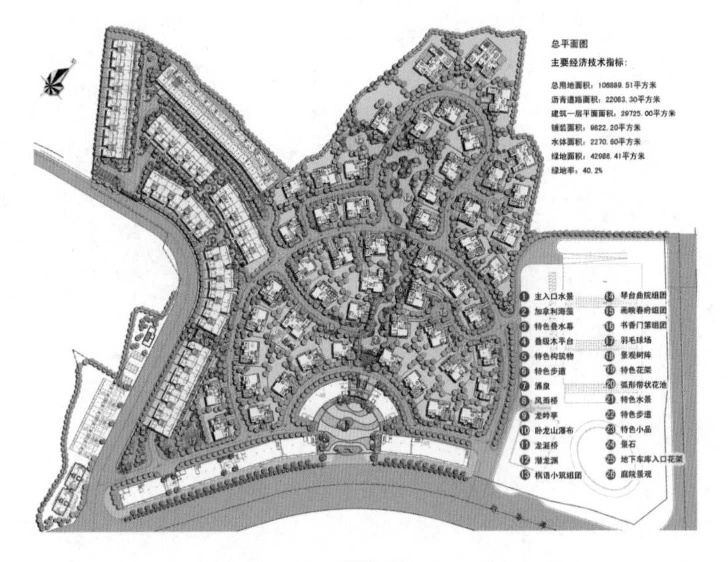

图7-3

2. 景观节点平面图的绘制要点

景观节点在整体景观设计中具有画龙点睛的作用。大型项目通常会设置多个景观节点，这些景观节点不仅具有各自的特点，还能巧妙地串联起来，充分体现设计师的意图。在景观节点平面图中，景观节点通常由多个区域组成，包括入口区、休息区、服务区、活动区及广场（见图7-4）等。这些区域通过道路或其他元素相互连接，形成一幅完整而和谐的景观画面。其中，广场作为景观节点的重要组成部分，为人们提供了宽敞的集会空间（见图7-5），适合举办各种公共活动，进一步丰富了景观的功能。

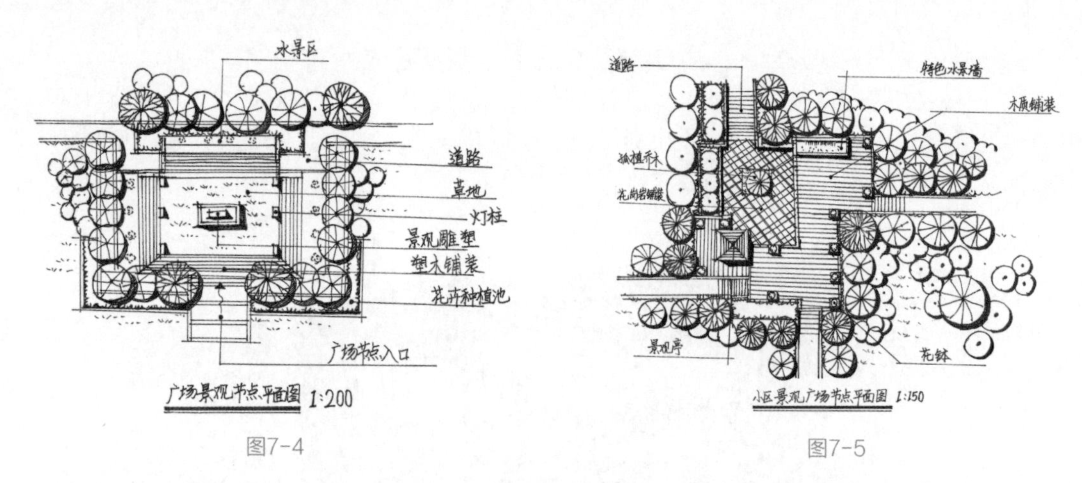

图7-4　　　　图7-5

在索引图的基础上，如果进一步采用景观节点平面图，通常该平面图会以索引图中的相应节点为基准，详细展示该节点的设计细节。考虑到索引图已提供了整体视图和相对位置信息，因此景观节点平面图中不一定需要标注比例尺。该图的核心在于呈现特定景观节点的设计元素及布局等详细信息，而非强调整个场景的比例，图中一般通过序列编号（见图7-6）或者指引标注说明两种方式呈现信息。

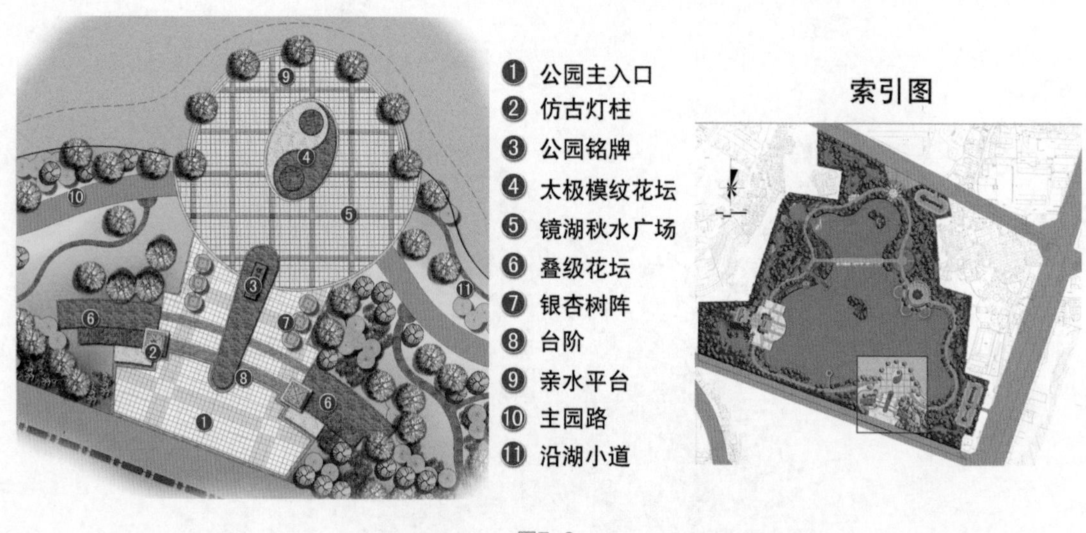

图7-6

此外，如果设计师希望更精确地控制各元素间的距离或尺寸，通常会参考总平面图或其他详细的施工图纸，而非在景观节点平面图中标注比例尺。例如，实际地产项目别墅景观节点平面图有总平面图作为参照，因此这类景观节点平面图一般会省略具体的尺寸比例尺，只通过指引标注说明呈现植物搭配和核心景观，如图7-7所示。景观节点平面图对标注排版也有一定要求，为保证表达清晰，可弱化底图上不重要的信息，如图7-8所示。面积较小的景观节点平面图一般采用指引标注说明的方式呈现信息，如图7-9所示。若是单独设计的景观节点平面图，图中应该标注比例尺，如图7-10所示。

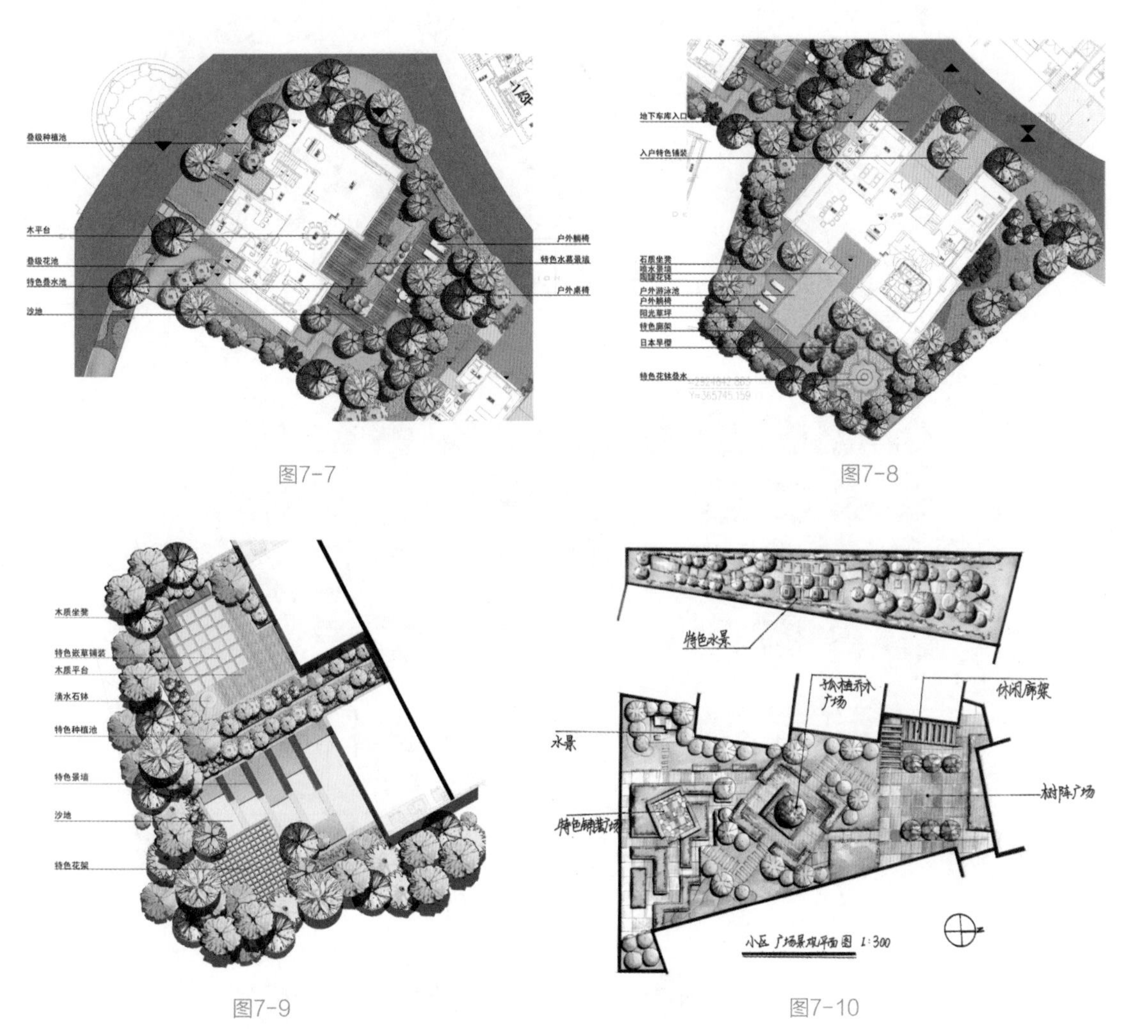

图7-7

图7-8

图7-9

图7-10

7.1.2 植物平面图例绘制步骤

1. 植物平面图例概述

植物平面图例在景观设计和园林施工中具有至关重要的作用，如图7-11所示。它以形象化的方式将设计师的想法传递给客户、合作伙伴和同事，准确呈现了植物的种类、数量、分布、大小、形状和高度等详细信息，以及植物的层次感和相互间的空间关系。同时，它也是后续实施项目的重要参考依据。

在绘制时，应该尽可能多地绘制不同种类的植物平面图例，并完善颜色、细节，以便后续将其作为素材使用，如图7-12所示。这些图例应具有针对性，可准确表现阔叶、针叶、棕榈、树阵、灌木丛等，如图7-13所示。

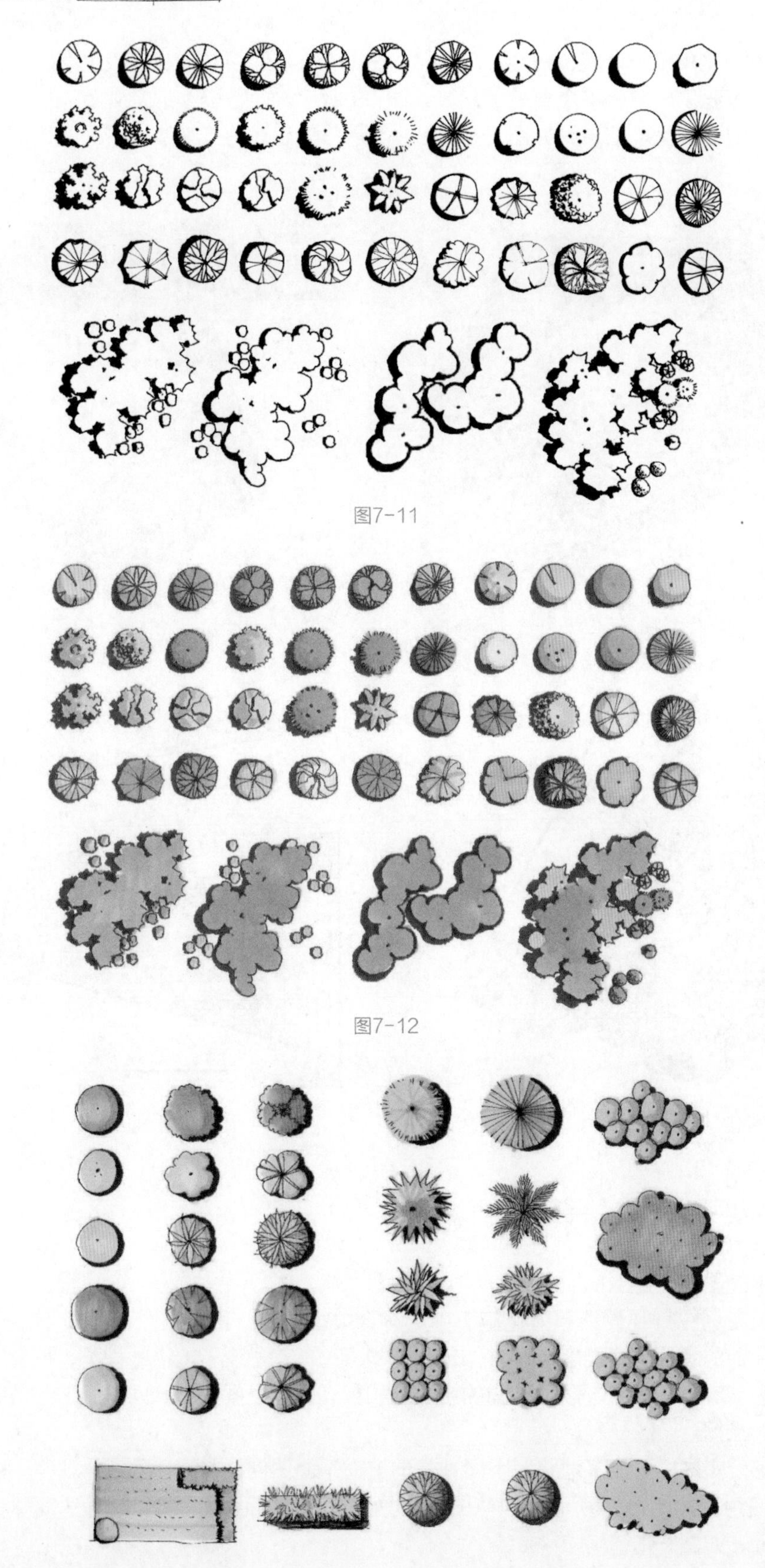

图7-11

图7-12

图7-13

2. 植物平面配置常见方式

（1）孤植是园林中以树木造型美为主要表现对象的种植方式，多选用高大、枝叶繁茂的树，常配置于大草坪、林中空旷地等，如图7-14所示。

图7-14

（2）对植是按照一定轴线关系，呈现两株或两列相同或相似的树的配置方式，常用于园门、桥头等空间，一般选择造型整齐优美、生长缓慢的常绿树，如图7-15所示。

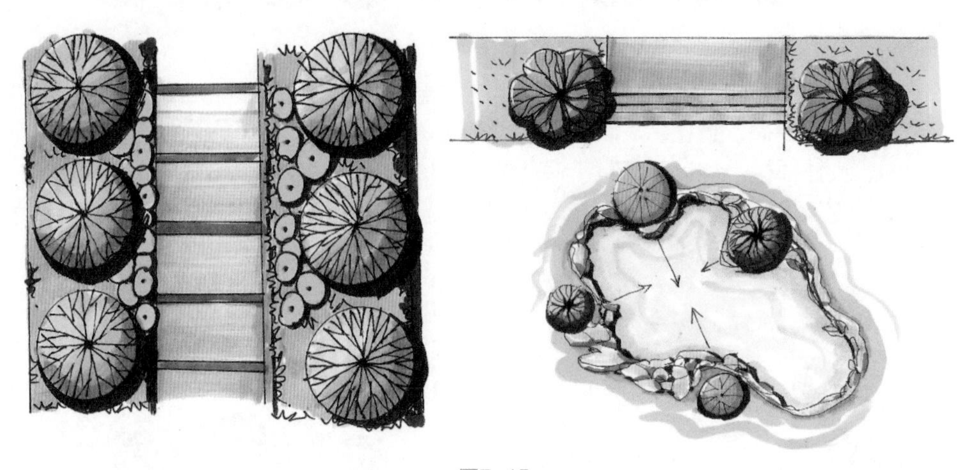

图7-15

（3）列植是按一定株距排列树的配置方式，有单行（见图7-16）、环状（见图7-17）、错行（见图7-18）、顺行（见图7-19）等多种形式，多用于道路、广场等公共空间。

图7-16

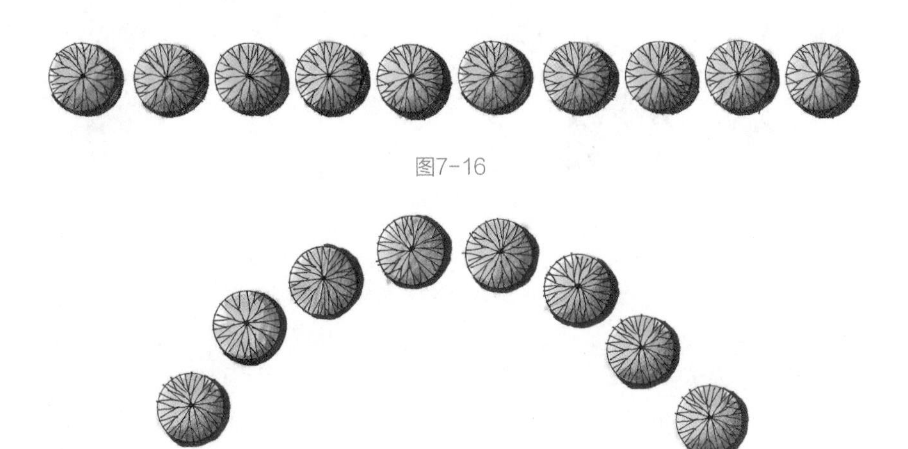

图7-17

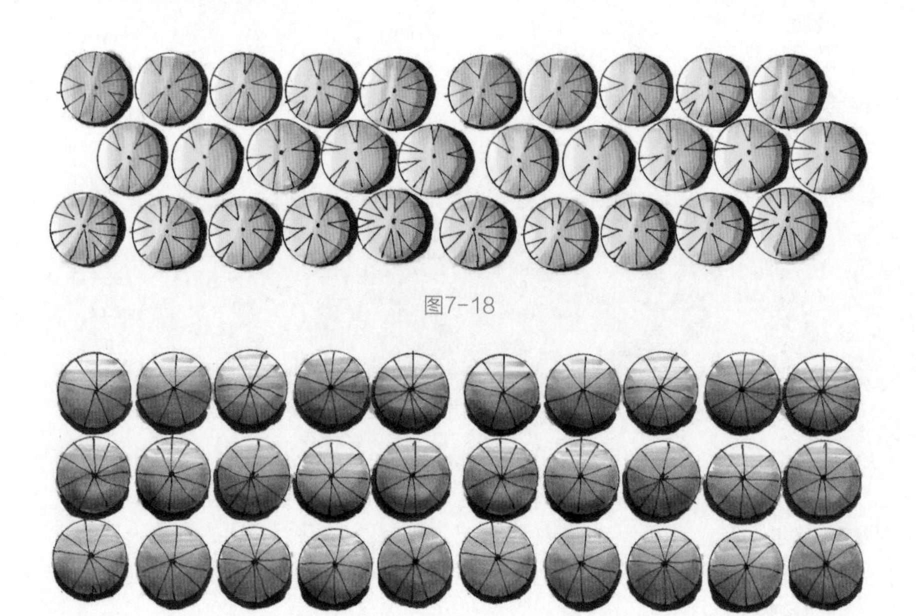

图7-18

图7-19

（4）丛植是指将多株树不规则地散植在绿地中的配置方式，可形成疏林草地的景观效果。这些树常布置在大草坪中央、土丘、岛屿等做主景，或布置在草坪边缘、水边做点缀等。为了营造独特景观空间，设计师也常常运用写意手法丛植几株树，其姿态各异，相互趋承，可形成一个景点或构成一个特定空间。丛植有三株丛植（见图7-20）、四株丛植（见图7-21）、五株丛植（见图7-22）及多株丛植（见图7-23）等。

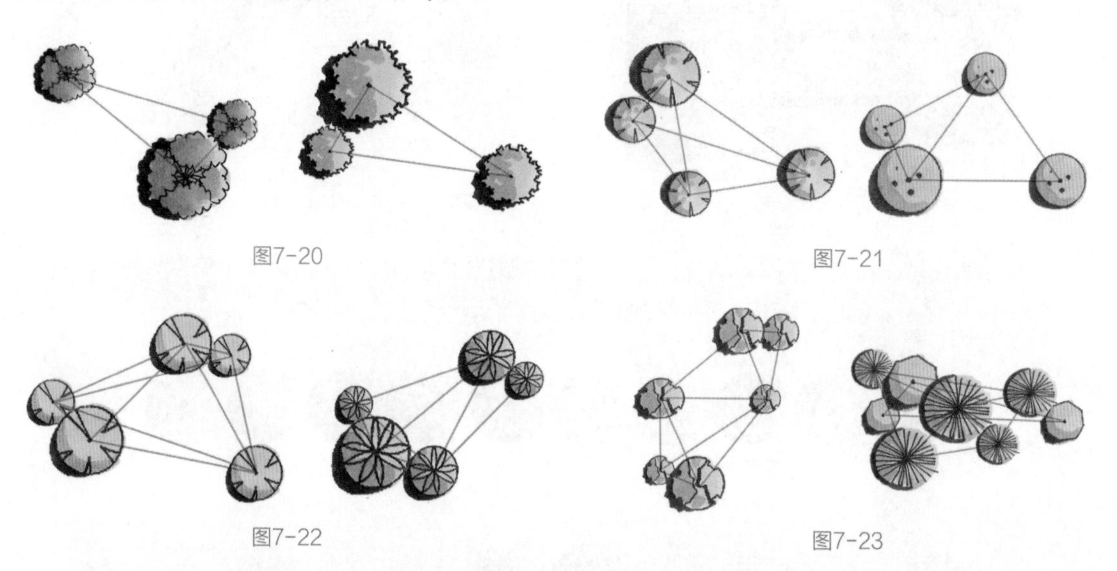

图7-20

图7-21

图7-22

图7-23

（5）群植是指成群配置数十株至上百株树，所表现的主要是群体美。树群应布置在足够开阔的场地，如靠近林缘的大草坪、宽广的林中空地等，如图7-24所示。

（6）林植是大面积、大规模地成带成林配置的方式（见图7-25），可形成林地和森林景观。林植景观按郁闭度可分为疏林和密林，按树种组成可分为单纯树林和混交树林。

（7）篱植是将灌木或小乔木近距离种植的方式，多栽成单行或双行，一般选用具有萌芽力强、发枝力强、愈伤力强等特征的植物。篱植景观依高度可以分为矮篱、中篱、高篱等，而按照使用功能又可分为常绿篱（见图7-26）、花篱、彩叶篱、果篱、刺篱等。

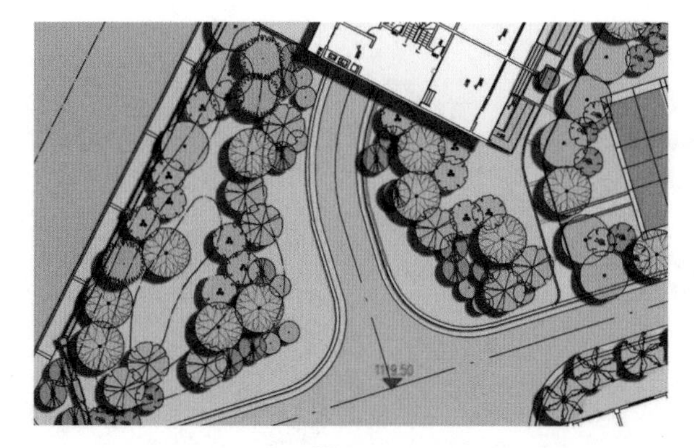

图7-24

图7-25

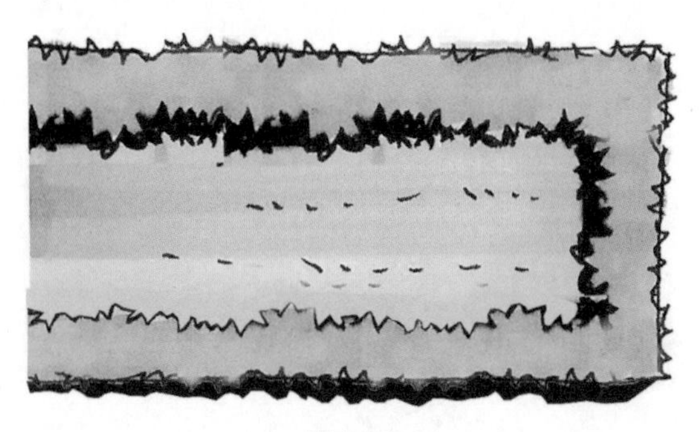

图7-26

3. 植物平面图例绘制练习

接下来我们一起进行植物平面图例的绘制练习，植物冠部将被尽量概括为圆形，主要用色如图7-27所示。

植物平面图例绘制训练讲解

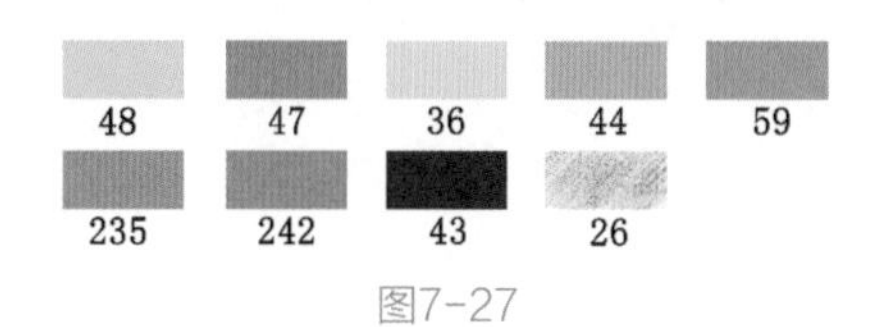

图7-27

（1）将少数乔灌木与地被植物组合在一起进行绘制，以连贯的方式展现整体的明暗关系，使画面显得更为自然，如图7-28所示。

图7-28

（2）根据植物配置美观性原则，增加画面中的植物元素，使画面内容更加丰富多样，如图7-29所示。

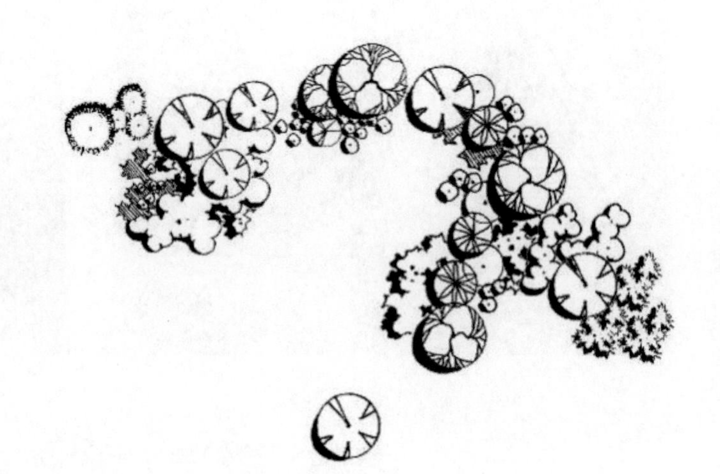

图7-29

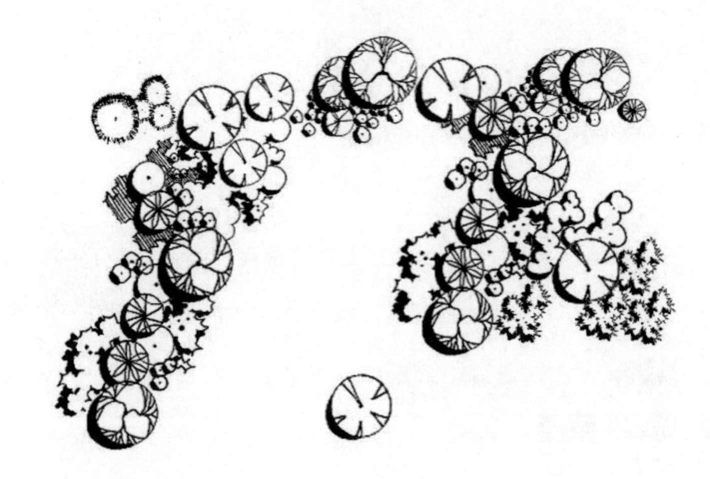

图7-30

（3）为了满足构图的需求，在画面左侧绘制植物组团，以保持画面的平衡，并增强画面整体的和谐统一感，如图7-30所示。

（4）对画面进行调整并添加孤植乔木，使整个画面展现出疏密有致的视觉效果，如图7-31所示。

图7-31

（5）为了表现植物平面图例的上色效果，对同类型的植物进行统一铺色，并选择2~3种植物来营造冷暖对比，如图7-32所示。

图7-32

图7-33

（6）对画面中其余的植物平面图例进行整体铺色，协调上色节奏，如图7-33所示。

（7）加深植物的固有色，并丰富画面的色彩和明暗层次，如图7-34所示。

图7-34

（8）补画草地，运用深色调马克笔和彩铅对整体画面进行调整，如图7-35所示。

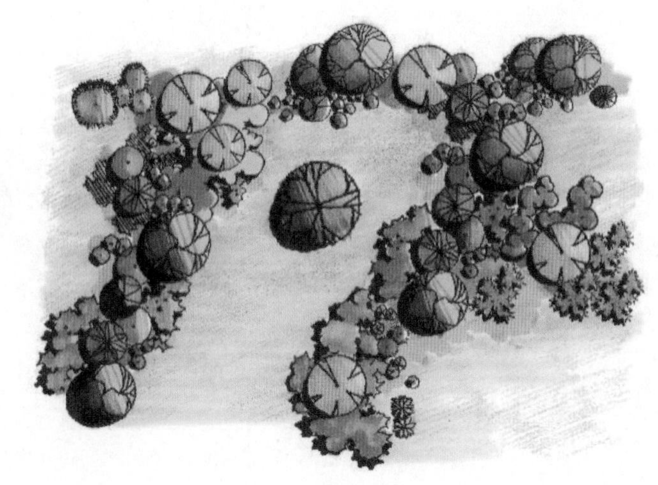

图7-35

7.1.3 总平面图绘制

总平面图的绘制

在绘制总平面图时，由于其面积较大，涉及的颜色也相对较多，为了保持画面的整洁和清晰，应适度控制使用的颜色种类，避免颜色过于繁杂导致视觉效果混乱。下面将展示完整的绘制步骤，主要用色如图7-36所示。

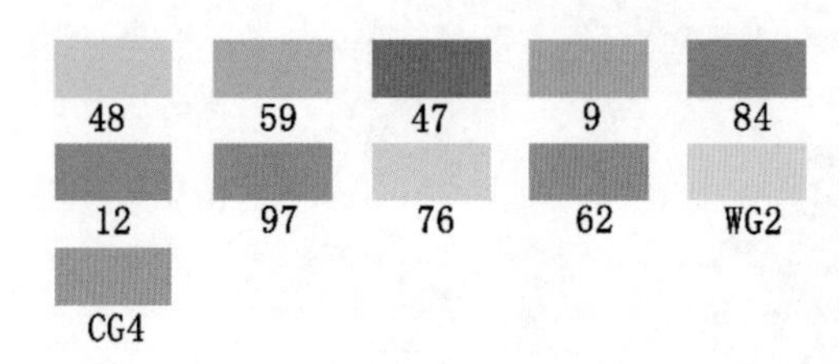

图7-36

（1）确定比例尺和指北针，将建筑和交通路线清晰地区分开，如图7-37所示。

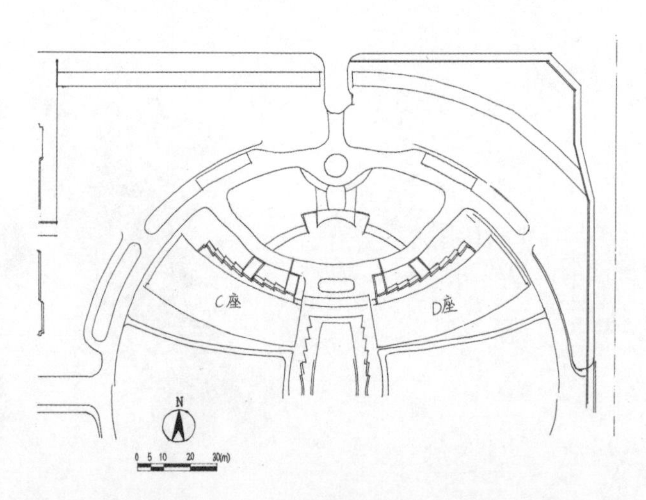

图7-37

（2）展示停车区域，描绘交通路线及核心景观，如图7-38所示。

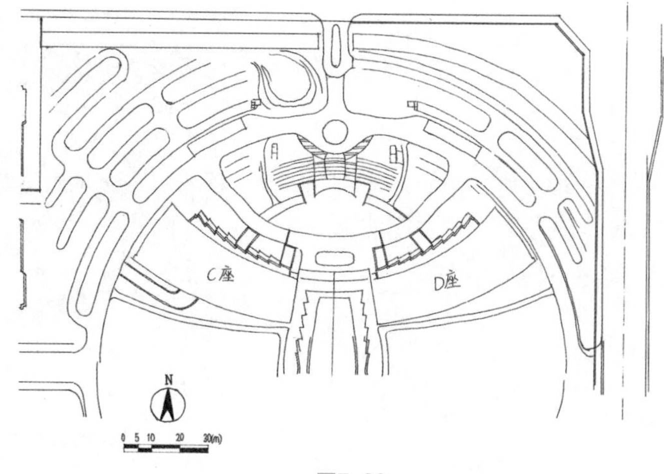

图7-38

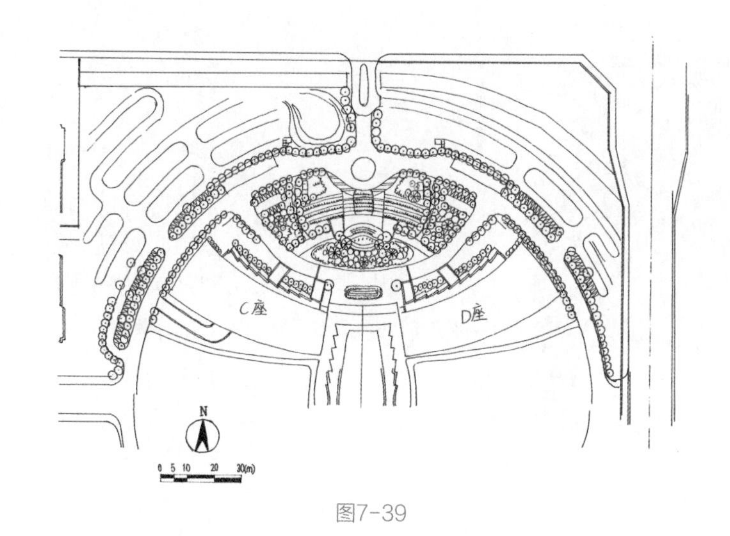

图7-39

（3）在中心景观周围进行合理的植物配置，并绘制主干道两侧的行道树，如图7-39所示。

（4）完成植物的描绘和停车区域的划分，如图7-40所示。

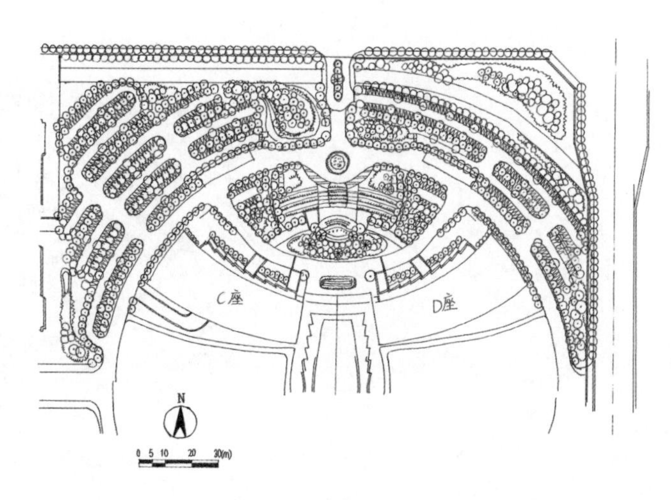

图7-40

（5）深入表现中心景观的铺装，同时加深阴影，增强明暗对比，如图7-41所示。

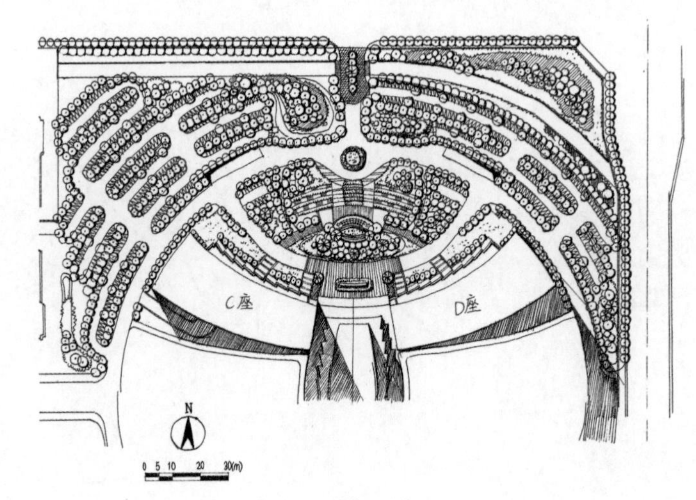

图7-41

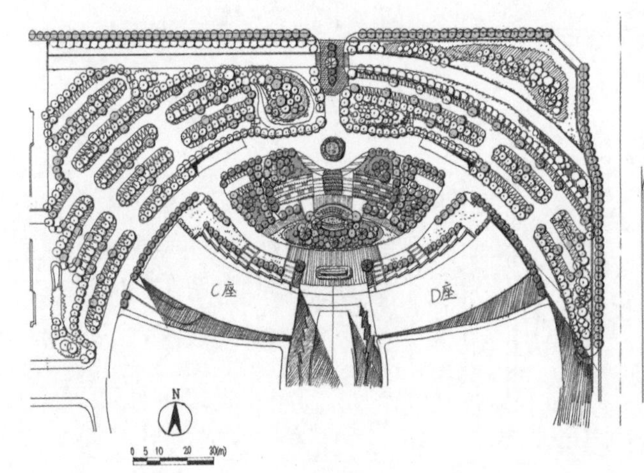

图7-42

（6）使用马克笔进行植物的色彩填充，特别是中心景观周围的植物，可采用同种颜色快速表现同类植物，如图7-42所示。

（7）完成植物的色彩填充，为画面奠定色彩基调，如图7-43所示。

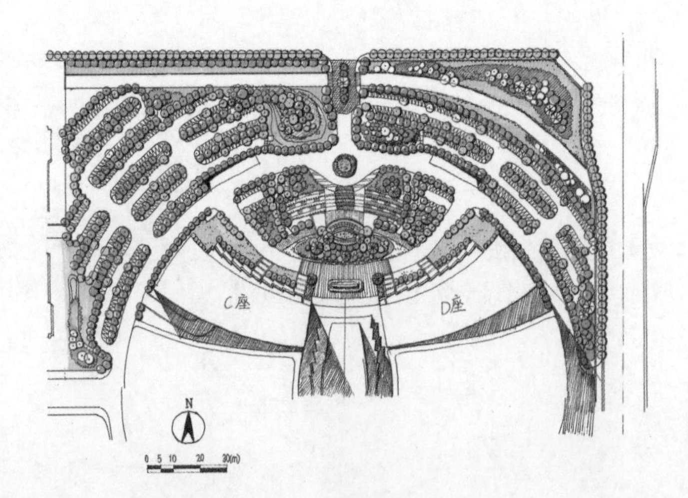

图7-43

（8）为画面中的水面添加色彩，并进一步调整植物色彩，以丰富画面的色彩层次，如图7-44所示。

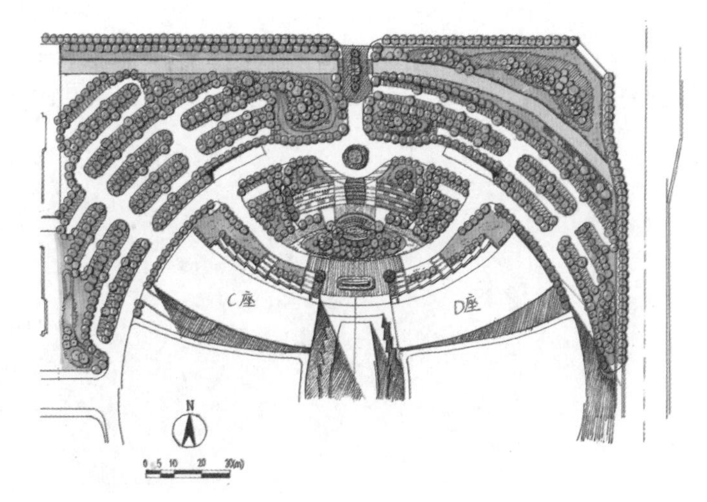

图7-44

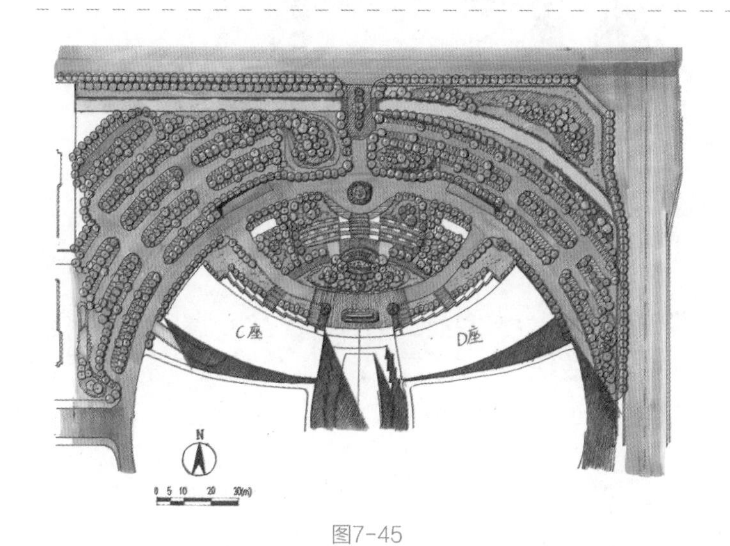

图7-45

（9）给道路铺色，并加深建筑暗部，以强化画面的明暗对比，如图7-45所示。

（10）对画面进行整体调整，进一步细化中心景观，尤其要做好地面铺装的色彩区分，以突出中心景观，如图7-46所示。

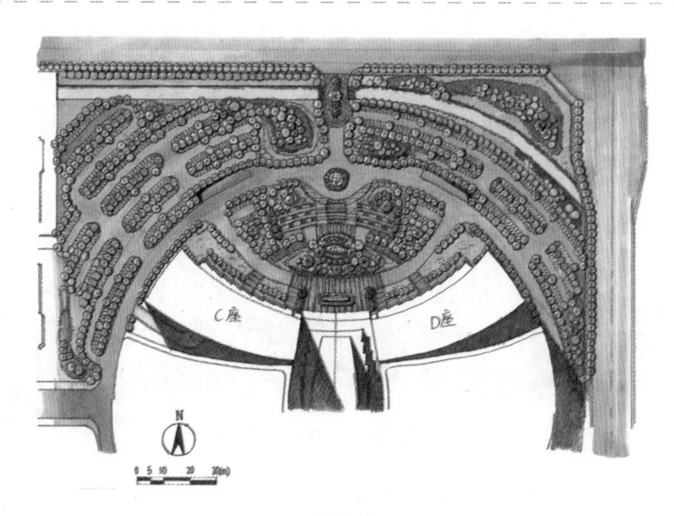

图7-46

在完成总平面图的绘制后，至关重要的一步是对其中的各个景观节点进行详细的阐述和说明，以确保观者能够了解每个区域的具体含义。这也是整个设计项目中最为核心和关键的部分，如图7-47所示。

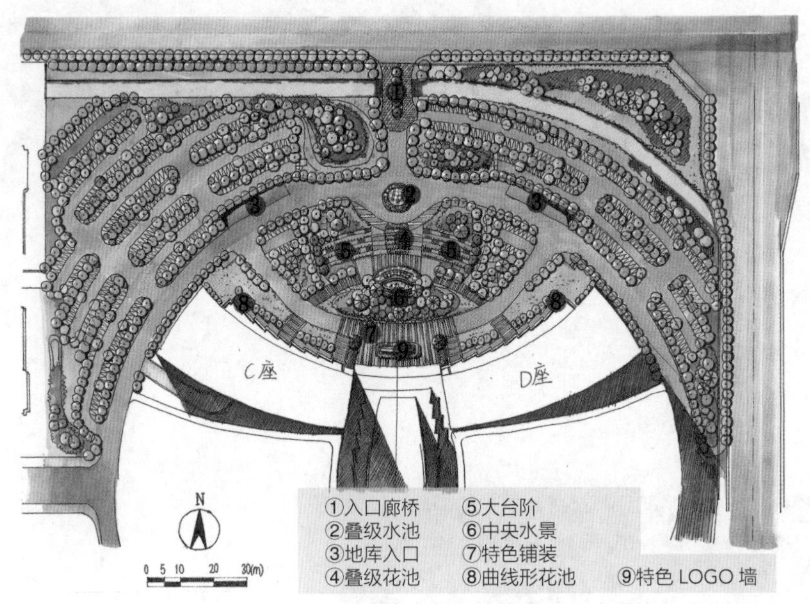

图7-47

7.2 景观设计剖立面图绘制

7.2.1 景观设计剖立面图的绘制要点

景观设计剖立面图的绘制需要注意以下4点。

第1点：一般景观设计剖立面图的绘制比例是1∶100，其常用厘米作为长度单位，如图7-48所示。

第2点：剖立面断面节点详图的绘制比例常常是1∶50、1∶40、1∶30、1∶20、1∶10、1∶5等。

第3点：绘制剖立面图时为了区分不同的物体和剖切部分，要用不同粗细的实线来绘制。

第4点：剖面图一般用A—A剖面图（见图7-49）、B—B剖面图或者1—1剖面图、2—2剖面图等表示。

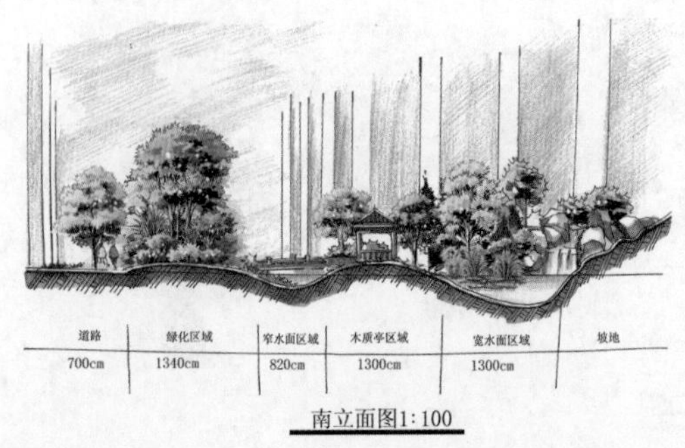

图7-48

图7-49

7.2.2 景观设计剖立面图的绘制步骤

景观设计剖立面图绘制1

1. 景观节点立面表现

景观节点立面手绘表现是景观设计领域中的一种艺术化表现形式，手绘能够生动直观地展示景观节点立面效果。在构图过程中，需要全面考虑景观节点的位置、大小、角度等，同时利用色彩、光影和合适的材料来营造出立体感、真实感和艺术气息，从而让观者能够体会到景观节点的美感。下面将详细介绍景观节点立面图的绘制步骤，主要用色如图7-50所示。

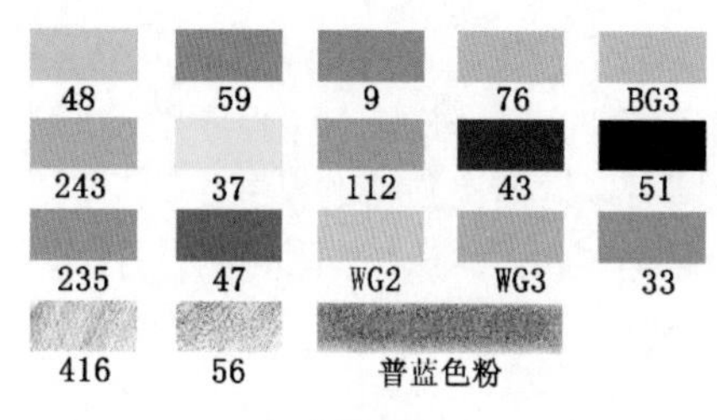

图7-50

（1）确定比例尺，并确定特色景墙的立面高度，同时根据需要划分出不同的区域，如图7-51所示。

（2）细致地绘制出特色景墙的结构，并明确底座上的植物配置，如图7-52所示。

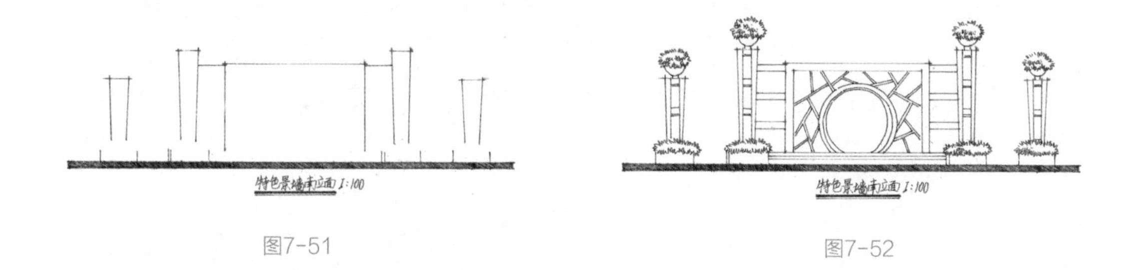

图7-51　　图7-52

（3）绘制出特色景墙中心的观赏植物，并初步勾勒出背景灌木及地被植物的形状，如图7-53所示。

（4）对背景其余的乔灌木轮廓进行完善，并优化植物配置，如图7-54所示。

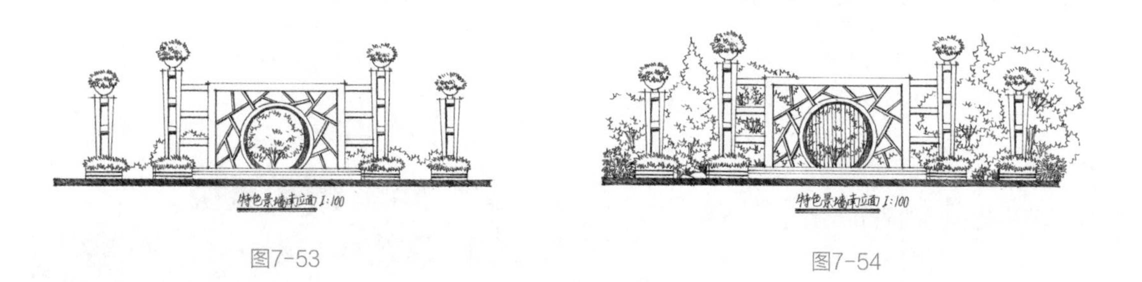

图7-53　　图7-54

（5）整体调整画面的明暗关系，并使用排线进行强化处理，如图7-55所示。

（6）使用马克笔上色，以突出特色花钵、景观壁灯及特色景墙底座上的植物，如图7-56所示。

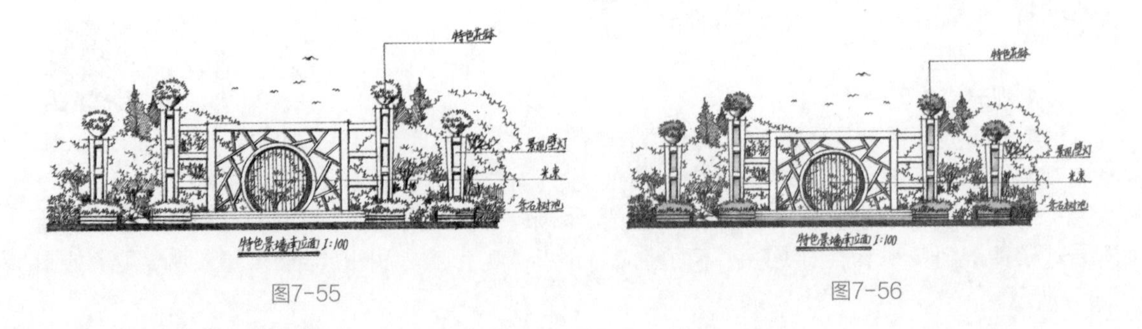

图7-55　　　　图7-56

（7）在呈现乔灌木的整体色彩时，应注重体现画面的冷暖关系，以确定色彩的基调，如图7-57所示，合理搭配冷暖色调可以营造出独特的氛围。

（8）为增强整体画面的表现力，加深乔灌木的固有色，并强调乔灌木的明暗转折，同时对特色景墙进行细致刻画，如图7-58所示。

图7-57　　　　图7-58

（9）使用普蓝色色粉快速绘制出天空的色调，并丰富乔灌木的暗部层次，同时塑造画面的光感，如图7-59所示。

（10）使用彩铅细致描绘天空，并用提白笔画出画面高光，如图7-60所示。

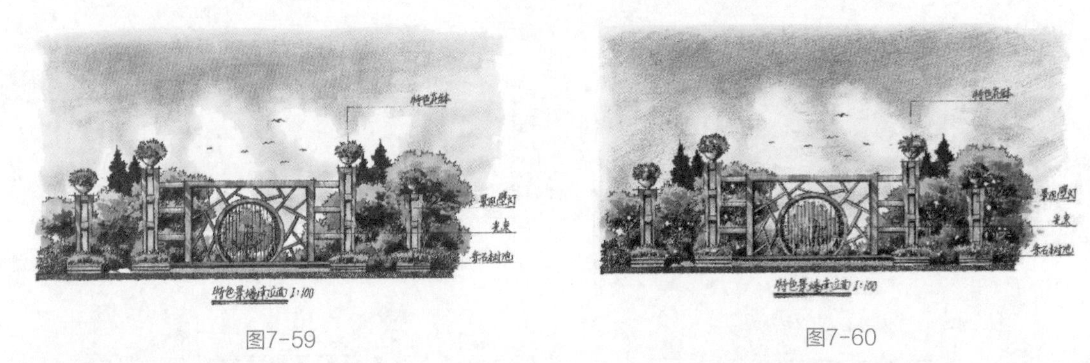

图7-59　　　　图7-60

2. 景观节点剖面表现

下面以小区景观节点叠级木质平台为例，展示完整的景观节点剖面图绘制步骤，主要用色如图7-61所示。

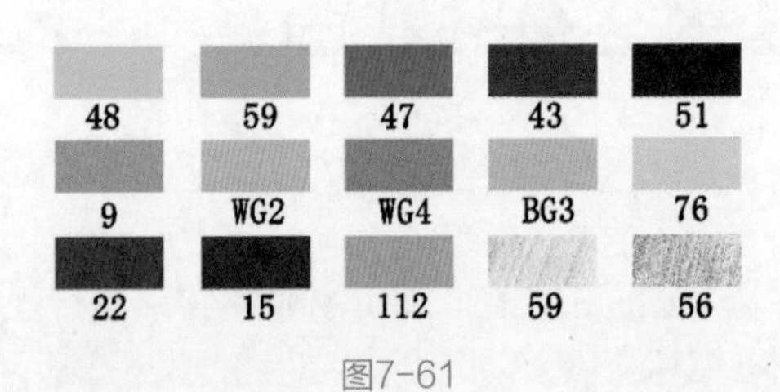

图7-61

景观设计剖立面图绘制2

（1）确定剖面图的比例尺，然后根据比例尺绘制出汽车和特色廊架的立面高度作为参考，这样可以将不同的景观区域清晰地划分开来，如图7-62所示。

（2）进行植物的组团搭配，绘制出一株高大乔木，并以此为参考进行植物组团绘制，补画周围的灌木及地被植物，如图7-63所示。

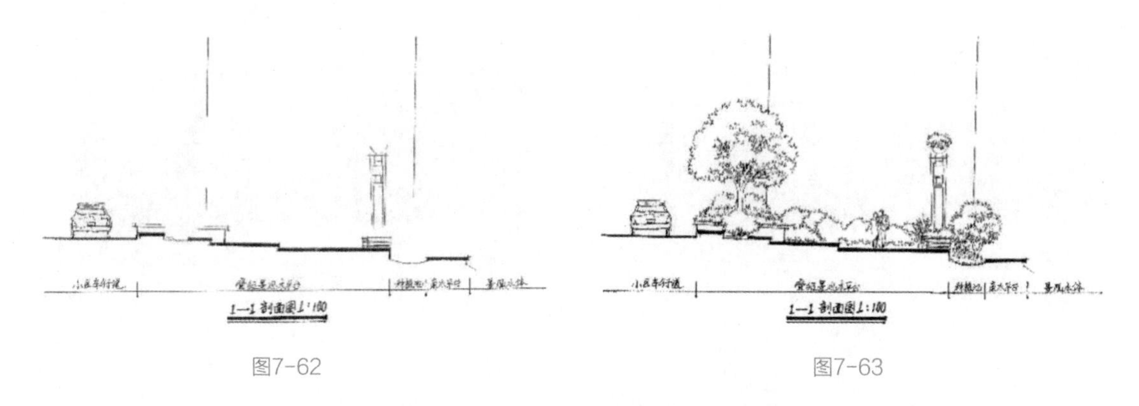

图7-62　　图7-63

（3）对画面中的乔灌木进行整体勾勒，以协调画面的节奏，并完善植物的配置，如图7-64所示。

（4）按照统一的方向排线，以增强画面的明暗对比，如图7-65所示。

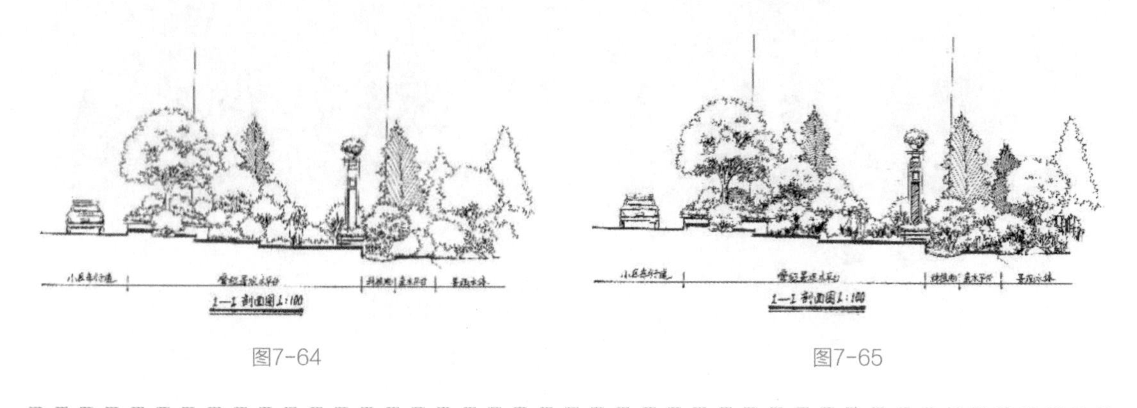

图7-64　　图7-65

（5）对画面进行整体调整，确保背景建筑的轮廓清晰，并对画面中的主要景观进行标注，如图7-66所示。

（6）使用马克笔迅速描绘出画面中乔灌木的亮色，并绘出地面和水体的色彩，同时考虑色彩的冷暖关系，如图7-67所示。

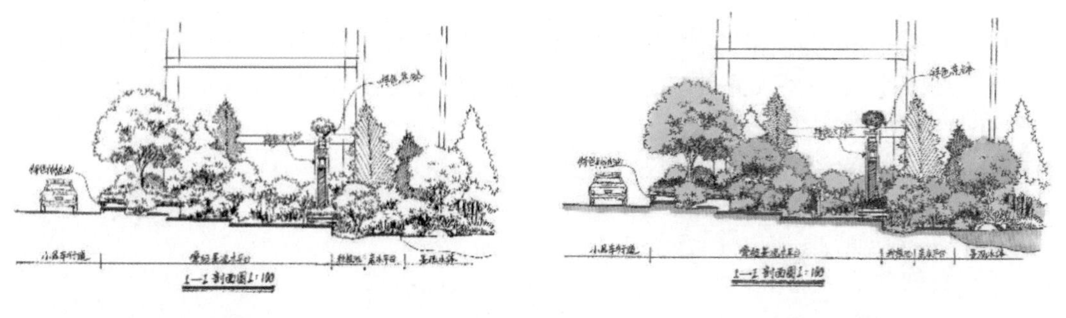

图7-66　　图7-67

（7）进一步突出背景深色雪松的特征，同时完善画面中各类景观的色彩，以奠定画面的色彩基调，如图7-68所示。

（8）加深画面中乔灌木的固有色，以丰富画面色彩，同时塑造乔灌木的体积感，如图7-69所示。

图7-68　　图7-69

（9）绘制背景天空与建筑的色调，并进一步丰富乔灌木的暗部层次，如图7-70所示。

（10）为增强画面的视觉冲击力，对画面进行整体调整。在此过程中，运用绿色彩铅对树冠进行过渡，同时采用提白笔绘制出画面高光，如图7-71所示。

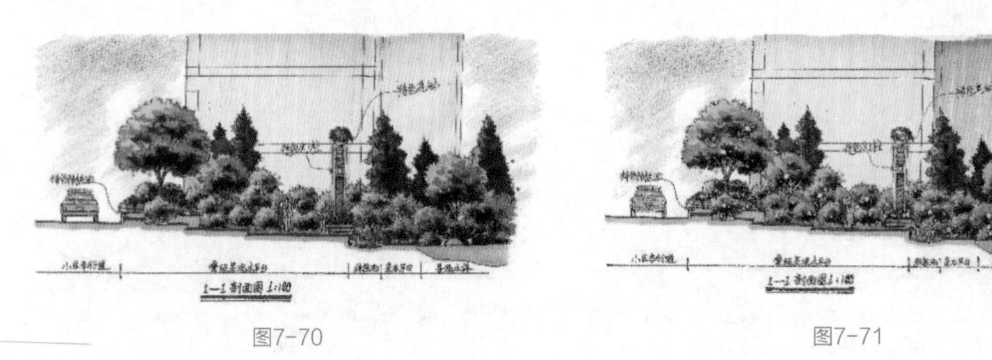

图7-70　　图7-71

7.3 景观设计鸟瞰图绘制

7.3.1 鸟瞰图的分类和绘制要点

鸟瞰图一般可以分为顶视、平视和俯视3类。顶视和平视鸟瞰图在园林景观设计中运用较多，而俯视鸟瞰图一般运用较少，特别是三点透视的俯视鸟瞰图运用很少。

鸟瞰图的绘制需要注意以下3点。

第1点：确定基本的透视角度（透视线）。

第2点：绘制出参照物（如建筑、乔灌木等）。

第3点：根据参照物绘制出其他元素。

7.3.2 鸟瞰图的绘制步骤

鸟瞰图的绘制步骤解析

下面以俯视鸟瞰图为例展示鸟瞰图的绘制步骤。本案例主要采用了绿色、蓝色和灰色等颜色（见图7-72），这使得整幅图在视觉上更加清晰、简洁，并且更易于理解。

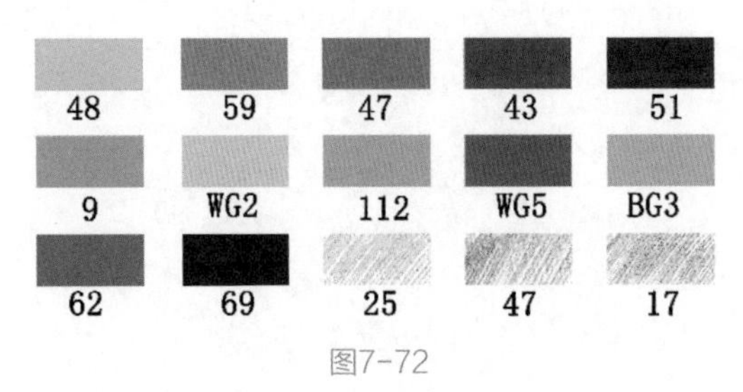

图7-72

图7-73

（1）使用铅笔进行构图，确保景观整体布局合理且美观，如图7-73所示。

（2）绘制硬质景观的结构，把控好整体的透视关系，如图7-74所示。

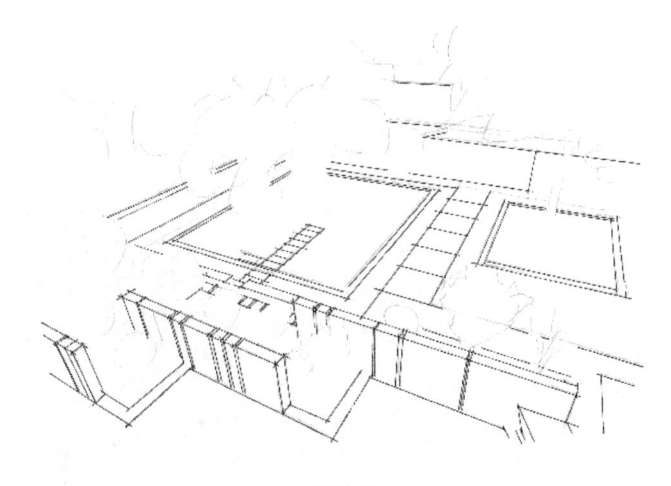

图7-74

（3）使用抖线绘制出乔灌木和地被植物的整体造型，并统一画面的节奏，如图7-75所示。

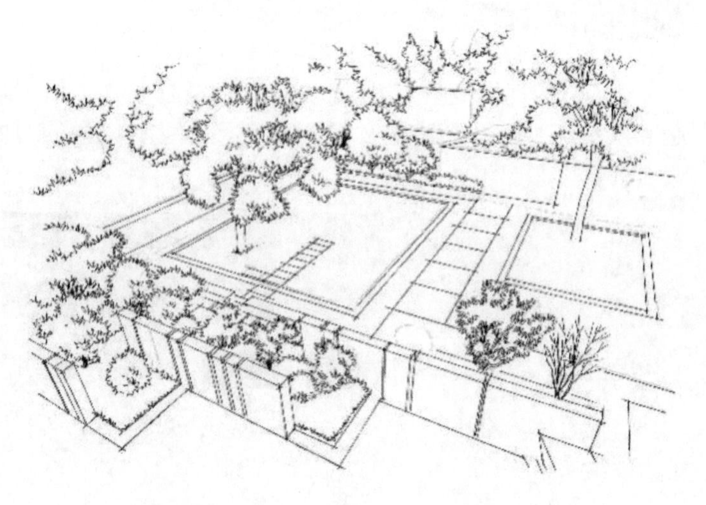

图7-75

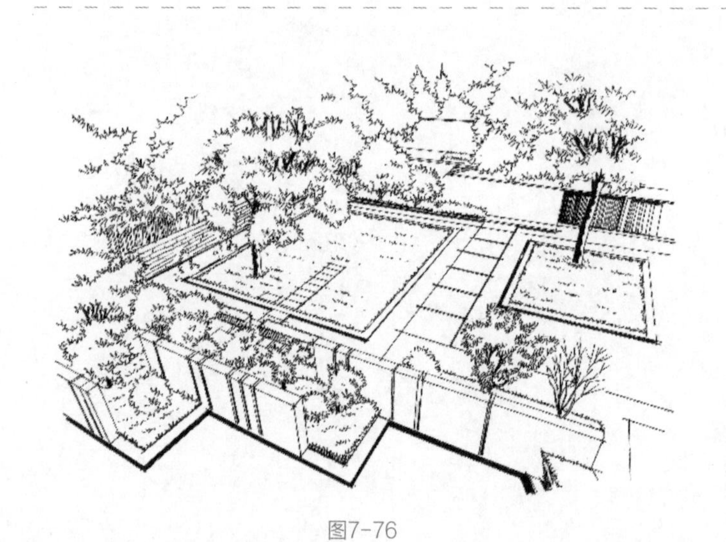

图7-76

（4）对画面中的景物进行细致的刻画，并利用黑色的马克笔来概括表现画面的暗部，使画面具有明暗层次分明的效果，如图7-76所示。

（5）通过排线表现画面的明暗关系，并塑造出画面的空间感，如图7-77所示。

图7-77

（6）运用马克笔巧妙地为乔灌木上色，为整个画面增添一抹亮色，如图7-78所示。

图7-78

图7-79

（7）增强画面中乔灌木、草地及水景的固有色，并加强景墙的明暗转折表现，初步塑造投影的形态，如图7-79所示。

（8）对画面中的乔灌木及水面倒影进行精细的刻画，丰富画面的色调，如图7-80所示。

图7-80

（9）使用马克笔对背景乔木进行表现，利用彩铅排线对树冠和水景进行过渡，如图7-81所示。

图7-81

图7-82

（10）使用提白笔描绘出画面高光，并对细小树枝进行塑造，如图7-82所示。

7.4 景观设计分析图绘制

景观设计分析图包括植物分析图、功能分析图、交通分析图、景观节点分析图、灯具分析图、小品布置分析图等，这些图表达的是设计师的前期构想。

7.4.1 植物分析图

植物分析：主要分清植物的配置，列出植物配置表，布置好乔灌木、地被植物的空间关系。
注意要点：常见的植物平面配置方式有丛植、孤植等，讲究疏密适当。
绘制方法：一般用不同的色彩表示不同植物，大场景应附带植物配置表，如图7-83所示。

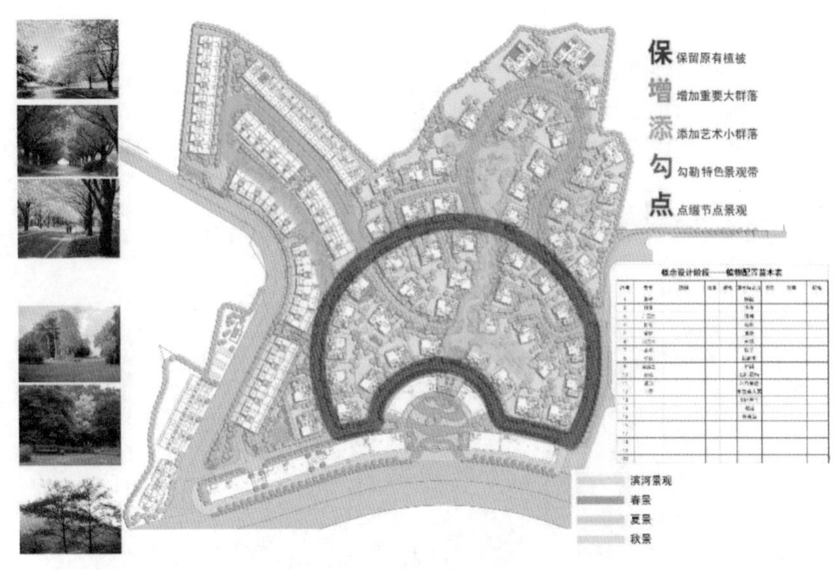

图7-83

当处于概念设计阶段时，为了更好地与客户沟通，设计师可以适当地将乔木（见图7-84）及灌木（见图7-85）通过实景图进行呈现，同时也可以将种植空间意向图通过实景图的形式进行展示，让客户一目了然，如图7-86所示。

图7-84　　图7-85

图7-86

7.4.2 功能分析图

功能分析：景观空间按功能可划分为老年人活动中心、休闲健身区、中心集散广场、水景区、防护隔离带、商业休闲区等。

注意要点：事先设计好景观空间所包含的功能区，再根据具体情况来布局，然后大体勾勒出各功能区。

绘制方法：一般使用色块来表示，也可以在此基础上加以变化，主要是通过色彩来区分不同的功能区，如图7-87所示。

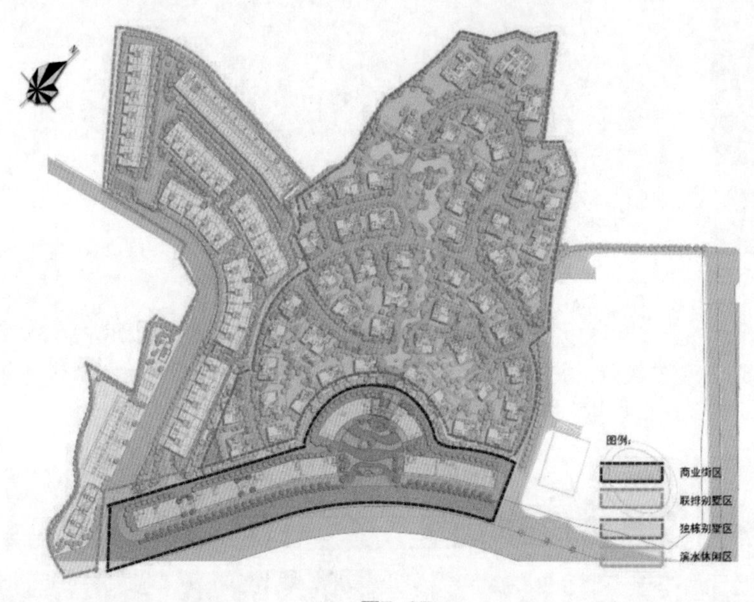

图7-87

7.4.3 交通分析图

交通分析：主要考虑人行入口、车行入口、主要的车行道及人行道、消防车道、地下车库入口等。

注意要点：一般人行入口、车行入口、地下车库入口及车行道在前期规划中已经确定，人行道有时候会随着景观步行系统的规划进行修改，一般的景观设计中，游步道分布在景点附近，景点道路一般都属于游步道。

绘制方法：一般入口用箭头表示，道路用虚线表示，各级道路常用不同颜色或粗细的线条来加以区分，如图7-88所示。

7.4.4 景观节点分析图

景观节点分析：该图主要包括主要与次要景观节点、景观轴线及景观视线等。

注意要点：在前期设计阶段要考虑好景观节点的分布，特别是主要景观节点。

绘制方法：一般各个景观节点用色块表示，景观视线用箭头表示，相应表示方法可以根据具体情况来进行调整，并不是绝对的，如图7-89所示。

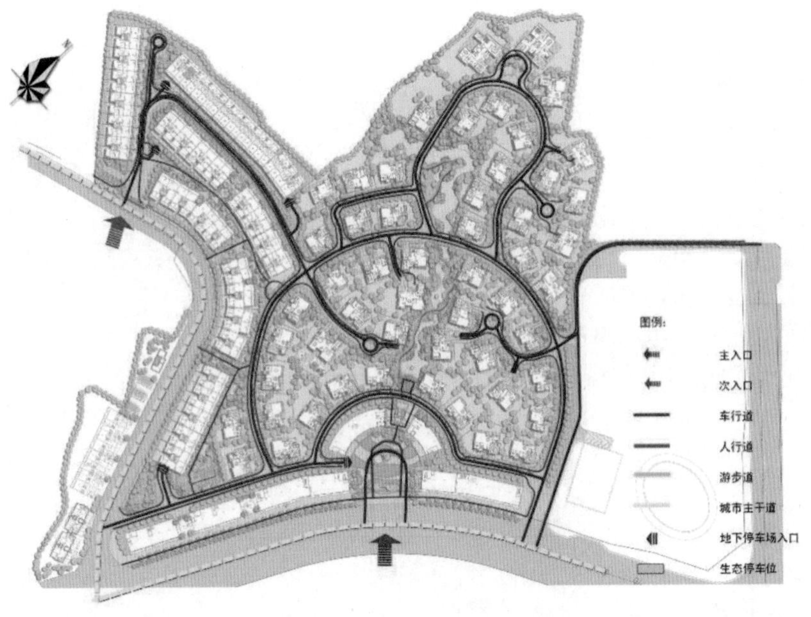

图7-88

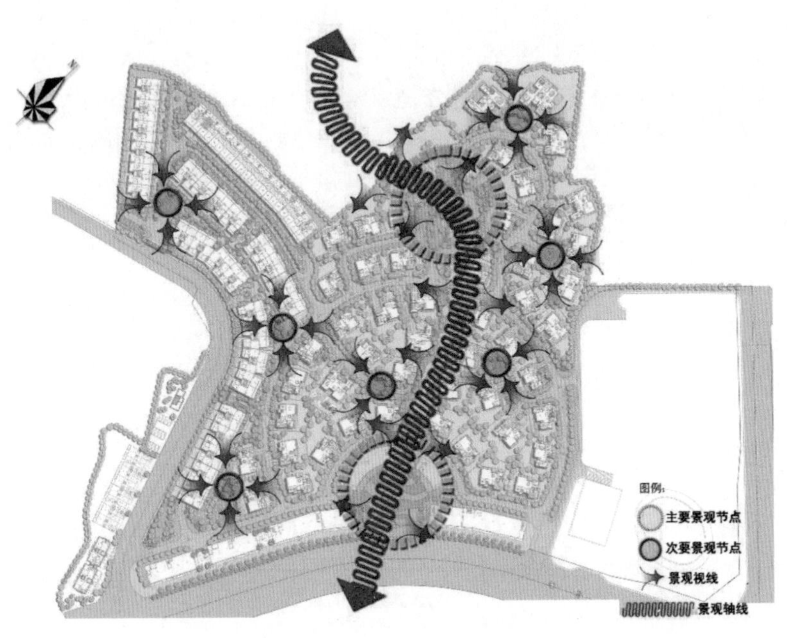

图7-89

7.5 本章小结

本章主要探讨如何快速、精准地表达景观设计方案，包括景观设计平面图绘制、剖立面图绘制、鸟瞰图绘制和分析图绘制等内容。通过学习和掌握这些内容，设计师可以更高效地向客户、合作伙伴和同事展示自己的设计理念，提高合作和沟通的效率。同时，手绘技巧的运用还可以为景观设计增添艺术性和生动性，为行业的发展带来更多可能性。

7.6 课后实战练习

1. 熟练掌握设计方案快速表达的要点

在景观设计手绘中，熟练掌握设计方案快速表达的要点包括明确绘图的目的和要求，掌握各种绘图技巧和手绘风格，注重绘图的顺序和时间管理，以及注重细节处理。同时，要明确构图和比例尺，掌握各种线条和笔触的运用，善于运用模板和素材，注重阴影、反光、倒影等细节的处理，使画面更具真实感和立体感。

2. 手绘方式设计一个小场景

任务：用手绘方式设计一个温馨的庭院小场景。

要求：

（1）庭院风格以现代简约为主，色调以暖色调为主。

（2）包括一个户外桌椅空间、一个花坛和一排种植区。

（3）必须明确表现空间感、材质和色彩。

（4）必须在3小时内完成。

（5）以空间透视图呈现。

设计提示：

（1）庭院小场景的设计应该注重空间感的营造，考虑景观层次、透视和比例等。

（2）在色彩选择上，应注重色彩的搭配和协调，以暖色调为主，体现温馨的氛围。

（3）在材质选择上，应注重材质与庭院风格的协调，考虑桌椅和花坛等的材质。

（4）在手绘过程中，应该注重线条的流畅性和准确性，以及色彩的搭配和表现力。